"十四五"职业教育国家规划教材

HUAWEI ICT Academy

U0691997

信息安全技术

(HCIA-Security)

微课版 | 第2版

刘洪亮 杨志茹 | 主编

周思难 张扬帆 令狐昌伟 陈坚 | 副主编

INFORMATION
SECURITY
TECHNOLOGY

人民邮电出版社
北京

图书在版编目（CIP）数据

信息安全技术：HCIA-Security：微课版 / 刘洪亮，杨志茹主编. -- 2版. -- 北京：人民邮电出版社，2024.4

教育部-华为产学合作协同育人项目规划教材

ISBN 978-7-115-58559-2

Ⅰ. ①信… Ⅱ. ①刘… ②杨… Ⅲ. ①信息安全－安全技术－教材 Ⅳ. ①TP309

中国版本图书馆CIP数据核字（2022）第015661号

内 容 提 要

　　本书是教育部-华为产学合作协同育人项目规划教材，围绕华为 HCIA-Security 认证体系进行编写，详细讲述当前信息安全技术相关知识，内容包括信息安全基础，网络与设备，信息安全威胁、防范及发展趋势，操作系统及服务器安全，主机安全防御，防火墙基础，网络地址转换（NAT）技术，防火墙双机热备技术，防火墙用户管理，入侵防御简介，数据传输与验证安全，VPN 技术应用，安全运营与数据监控，电子取证，网络安全应急响应。

　　本书可作为高等教育本、专科院校信息安全相关专业的教材，也可作为 HCIA-Security 考证培训用书。

◆ 主　编　刘洪亮　杨志茹

　副 主 编　周思难　张扬帆　令狐昌伟　陈　坚

　责任编辑　范博涛

　责任印制　焦志炜

◆ 人民邮电出版社出版发行　　北京市丰台区成寿寺路 11 号

　邮编　100164　电子邮件　315@ptpress.com.cn

　网址　https://www.ptpress.com.cn

　天津千鹤文化传播有限公司印刷

◆ 开本：787×1092　1/16

　印张：16　　　　　　　　　　2024 年 4 月第 2 版

　字数：388 千字　　　　　　　2025 年 5 月天津第 6 次印刷

定价：59.80 元

读者服务热线：(010)81055256　印装质量热线：(010)81055316

反盗版热线：(010)81055315

前言

进入 21 世纪，随着信息技术的不断发展，信息安全问题也日渐突出，已成为全社会关注的问题。在我国，已经有专门从事信息安全基础研究、技术开发、技术服务的研究机构和高科技企业，形成了我国信息安全产业的雏形。目前，从事信息安全工作的技术人才严重短缺，迫切需要大力培养。

华为认证是华为技术有限公司（简称"华为"）凭借多年在信息通信技术领域发展的经验，以层次化的技术认证为指引，推出的覆盖网际协议（Internet Protocol, IP）技术、信息技术（Information Technology, IT）、通信技术（Communication Technology, CT）和信息通信技术（Information and Communication Technology, ICT）融合技术的认证体系。

本书致力于培养信息安全技术工程师。信息安全技术工程师的主要职责是确保客户信息和网络的基本安全，其工作涉及计算机网络安全、操作系统安全、数据安全、密码学、运营安全等方面的知识和技能。

本书内容安排合理、组织有序，各章由素质拓展、课程导入、相关内容、本章小结等模块组成，并通过多个真实案例的讲解，激发读者的学习兴趣，帮助读者更快、更全面地掌握华为认证安全工程师（HCIA-Security）的核心知识，并具备解决实际问题的能力。

本书共 15 章，每章既可以单独作为一个项目、实验，又可以拼合起来形成一个较大的项目或任务。学生可以根据自己的需要选择部分或全部内容进行学习，教师也可以根据学生的需求选择性授课，从而更好地体现分层教学和按需学习的特点。各章的主要内容和建议参考学时如下表所示。

章名	参考学时	章名	参考学时
第1章　信息安全基础	4	第9章　防火墙用户管理	4
第2章　网络与设备	4	第10章　入侵防御简介	4
第3章　信息安全威胁、防范及发展趋势	4	第11章　数据传输与验证安全	4
第4章　操作系统及服务器安全	4	第12章　VPN 技术应用	8
第5章　主机安全防御	4	第13章　安全运营与数据监控	4
第6章　防火墙基础	4	第14章　电子取证	4
第7章　网络地址转换（NAT）技术	4	第15章　网络安全应急响应	4
第8章　防火墙双机热备技术	4		

本书由湖南汽车工程职业学院的刘洪亮、杨志茹主编，湖南汽车工程职业学院的周思难、张扬帆、令狐昌伟、陈坚和湖南化工职业技术学院的谭倩参与了部分章节的编写。其中，杨志茹编写第1章和第2章，张扬帆编写第3章和第4章，周思难编写第5章和第6章，刘洪亮编写第7章～第12章，令狐昌伟编写第13章，陈坚编写第14章，谭倩编写第15章。

为方便读者学习，本书配套了在线慕课，读者可登录学银在线网站，搜索"信息安全技术"，即可看到本书的配套课程。

在编写本书过程中，编者还得到了华为技术有限公司 ICT 学院和武汉誉天互联科技有限责任公司李桢达的大力支持，在此一并表示感谢。

由于编者水平有限，书中难免有不足之处，敬请广大读者批评指正，以便在今后的修订中不断改进。编者联系邮箱 2265022961@qq.com、QQ 群（信息安全技术交流群）315111481。

编　者
2024 年 3 月

目 录
CONTENTS

第 1 章

信息安全基础

知识目标

① 了解信息安全的发展历程。
② 了解信息安全的定义。
③ 了解信息安全管理的重要性。
④ 了解信息安全的标准与规范。
⑤ 了解信息安全管理体系。
⑥ 了解信息安全等级化保护体系。

能力目标

① 学会区分不同的信息安全风险。
② 掌握每一种信息安全风险的特点。
③ 掌握信息安全标准的意义。
④ 掌握常见的信息安全标准的主要内容。

素质拓展

没有网络安全就没有国家安全，没有信息化就没有现代化。

课程导入

　　小华是华安公司的一名技术员，随着互联网发展和 IT 的普及，网络和 IT 已经日渐深入人们的工作和日常生活中，信息网络化和社会信息化突破了应用信息在时间和空间上的障碍，使信息的价值不断提升，这也为小华日常工作提供了很多便利。但与此同时，网页篡改、计算机病毒、系统非法入侵、数据泄露、网站欺骗、服务瘫痪、漏洞非法利用等信息安全事件时有发生。为了有效地对信息进行管理，小华急切地想知道相关信息安全标准，并了解信息安全管理体系。

相关内容

1.1 信息与信息安全

1.1.1 信息

信息指音讯、消息、通信系统传输和处理的对象，泛指人类社会传播的一切内容。由图 1-1 可知，信息包括书本信件、国家机密、电子邮件、雷达信号、交易数据、考试题目等。

图 1-1 信息的含义

1.1.2 信息安全

信息安全是指通过采用计算机软硬件技术、网络技术、密钥技术等安全技术和各种组织管理措施，保护在信息生命周期内的产生、传输、交换、处理和存储的各个环节中，信息的机密性、完整性和可用性不被破坏。图 1-2 为信息安全应用领域。

国家安全　　组织系统正常运作和持续发展　　个人隐私和财产

图 1-2 信息安全应用领域

1.2 信息安全发展历程及信息安全涉及的风险

1.2.1 信息安全发展历程

信息安全发展历程如图 1-3 所示。

图 1-3　信息安全发展历程

1. 通信保密阶段

在通信保密阶段，通信技术还不发达，数据只是零散地存储在不同的地点，信息系统的安全仅限于保证信息的物理安全，以及通过密码（主要是序列密码）解决通信安全的保密问题。只要把信息安置在相对安全的地点，不容许非授权用户接近，就基本可以保证数据的安全性。

2. 信息安全阶段

进入 20 世纪 90 年代，互联网技术得到飞速发展，无论是企业信息还是社会信息都开始对外开放，由此产生的信息安全问题也跨越了时间和空间，信息安全的焦点从传统的保密性、完整性和可用性原则衍生出可控性、不可否认性等，如图 1-4 所示。

图 1-4　信息安全的焦点

3. 信息保障阶段

进入 21 世纪后，信息安全进入面向业务的安全保障阶段，可从业务、安全体系和管理等多角度来考虑信息的安全问题。各角度业务特点如图 1-5 所示。

图 1-5　各角度业务特点

1.2.2　信息安全涉及的风险

信息安全涉及的风险如图 1-6 所示。

图 1-6　信息安全涉及的风险

1. 物理风险

物理风险是指有形并能直接影响事物物理功能的安全因素，主要包含以下几种。

（1）设备被盗、被毁。

（2）链路老化、人为破坏、被动物咬断等。

（3）网络设备自身故障。

（4）停电导致网络设备无法工作。

（5）机房电磁辐射。

2. 信息风险

信息风险是指在信息存储、传输及访问中潜在的薄弱环节所导致的不同程度的安全风险，主要包含以下几种。

（1）信息存储安全。信息存储安全包括数据中心安全和组织安全，它需要满足各种数据库和应用的不同层次的安全需求原则。

（2）信息传输安全。信息传输安全如图 1-7 所示。

图 1-7　信息传输安全

（3）信息访问安全。信息访问安全如图 1-8 所示。

图 1-8 信息访问安全

3. 系统风险

系统风险是指信息系统在数据库配置、数据存储和服务运行方面存在的风险，主要包含以下几种。

（1）数据库系统配置安全。

（2）系统存储数据安全。

（3）系统中运行的服务安全。

4. 应用风险

应用风险是指各类应用程序在应用时存在的安全风险，范围比较广，主要包含以下几种。

（1）网络病毒。

（2）操作系统安全风险。

（3）电子邮件应用安全风险。

（4）Web 服务安全风险。

（5）文件传输协议（File Transfer Protocol，FTP）服务安全风险。

（6）域名系统（Domain Name System，DNS）服务安全风险。

（7）业务应用软件安全风险。

5. 网络风险

网络风险主要指不同的网络区域所存在的风险，如图 1-9 所示。

图 1-9 网络风险

6. 管理风险

管理风险与技术没有太大的关系，主要是判断信息是否安全、是否存在管理风险、政策上是否有支撑、体系是否健全等。我们可以从以下几个方面讨论管理风险。

（1）国家政策：国家是否制定了健全的信息安全法规，国家是否成立了专门的机构来管理信息安全。

（2）企业制度：企业是否制定了安全管理规则和责权分明的机房管理制度，企业是否建立了自己的安全管理机构。

（3）管理体系：是否明确了有效的安全策略并配备了高素质的安全管理人员；是否有行之有效的监督检查体系，从而保证规章制度被顺利执行。

7. 其他风险

除以上列举的风险外，信息安全还存在着其他的风险，如云数据安全风险、区块链安全风险等。

1.3　信息安全管理的重要性及发展现状

微课视频

信息化越发达，信息安全越重要，信息网络已成为经济繁荣、社会稳定和国家发展的基础。信息化深刻影响着安全观念的转变、国家战略的调整和全球经济的整合。信息安全已经从单纯的技术性问题转变成事关国家安全的全球性问题。

1.3.1　信息安全管理的重要性

管理对信息安全保护的实现有十分重要的意义和作用。信息安全管理指的是通过有计划、有目的、有条理的管理，全面规范和保护机构、企业、个人的信息系统，确保信息资源不被非法获取、修改、破坏和泄露。通常用"三分技术，七分管理"来形容管理对信息安全的重要性。据统计，在造成企业信息受到损失的原因中，员工安全意识薄弱、恶意窃取资料、系统操作不规范和授权规则松散占比高达 70%，如图 1-10 所示。

图 1-10　造成企业信息受到损失的主要原因

1.3.2　信息安全管理发展现状

在信息安全管理方面，许多国家都已经制定了自己的信息安全发展战略和发展计划，明确了信息安全管理正确的发展方向。这样做的好处主要有以下两方面。

（1）加强信息安全立法，实现统一和规范管理。以法律的形式规定和规范信息安全工作，是有效实施信息安全措施的有利保障。

（2）步入标准化与系统化管理时代。20 世纪 90 年代，信息安全步入了标准化与系统化的管理时代，其中以国际标准化组织/国际电工委员会（International Standards Organization/International Electrotechnical Committee，ISO/IEC）制定的 27000 信息安全管理体系标准最为通用。

1.4　信息安全标准与组织

1.4.1　信息安全标准

信息安全标准是规范性文件之一，是为了在一定的范围内获得最佳秩序，经协商一致制定并由公认机构批准，可共同使用和重复使用的一种规范性文件。

1.4.2　信息安全标准组织

在国际上，与信息安全标准有关的组织主要有以下 4 个。

（1）国际标准化组织。

（2）国际电工委员会。

（3）国际电信联盟（International Telecommunication Union，ITU）。

（4）Internet 工程任务组（The Internet Engineering Task Force，IETF）。

国内的信息安全标准组织主要有以下 2 个。

（1）全国信息技术标准化技术委员会（China National Information Technology Standardization Technical Committee，CITS）。

（2）中国通信标准化协会（China Communications Standards Association，CCSA）下辖的网络与信息安全技术工作委员会。

常见信息安全标准与规范如图 1-11 所示。

图 1-11　常见信息安全标准与规范

1.5　信息安全管理体系

信息安全管理体系（Information Security Management System，ISMS）的概念最初来源于英国标准学会制定的 BS 7799 标准，并伴随着其作为国际标准发布和普及而被广泛接受，如图 1-12 所示。

- Plan：策划（建立ISMS）
- Do：实施（实施和运行ISMS）
- Check：检查（监视和评审ISMS）
- Action：保持并改进ISMS

图 1-12　信息安全管理体系

1.5.1　ISO 27000 信息安全管理体系标准家族

ISO 27000 信息安全管理体系标准家族如图 1-13 所示。

第一部分 要求及 支持性指南	第二部分 认证认可及 审核指南	第三部分 行业信息安全 管理要求	第四部分 医疗信息安全 管理标准
ISO/IEC 27000			
ISO/IEC 27001	ISO/IEC 27006	金融业	ISO 27799
ISO/IEC 27002		电信业	
ISO/IEC 27003	ISO/IEC 27007		处于研究阶段并
ISO/IEC 27004		其他专门应用于	以新项目提案方
ISO/IEC 27005	ISO/IEC 27008	某个具体的安全 领域	式体现的成果， 例如供应链安全、 存储安全等

图 1-13　ISO 27000 信息安全管理体系标准家族

1.5.2　ISO 27001 和 ISO 27002 演变历程

ISO 27001 和 ISO 27002 演变历程如图 1-14 所示。

BS 7799-2 ➡ ISO/IEC 27001

《信息安全管理体系规范及应用指南》　　　　《信息安全管理体系》

BS 7799-1 ➡ ISO/IEC 17799 ➡ ISO/IEC 27002

《信息安全管理实施规则》　《信息安全管理体系标准》　《信息安全控制实用规则》

图 1-14　ISO 27001 和 ISO 27002 演变历程

1.5.3　ISO 27002 控制项

ISO 27002 控制项如图 1-15 所示。

一、信息安全策略	二、组织信息安全	三、人力资源安全
四、资产管理	五、访问控制	六、加密
七、物理及环境安全	八、操作安全	九、传输安全
十、系统获取、开发 和维护	十一、供应商关系	十二、信息安全事件 管理
十三、业务连续性管理 的信息安全方面		十四、合规性

图 1-15　ISO 27002 控制项

1.6　信息安全等级化保护体系

信息安全等级保护制度是我国信息安全保障的基本制度和基本策略，是开展信息安全工作的基本方法，是促进信息化、维护国家信息安全的基本保障。

1.6.1　等级保护相关政策

信息安全等级保护是对信息和信息载体按照重要性等级分级进行保护，其相关政策如图 1-16 所示。

国家政策要求	由公安监督检查	各机关和行业执行
中办发〔2003〕27号： **《国家信息化领导小组关于加强信息安全保障工作的意见》** 主要内容： •实行信息安全等级保护政策。 •重视信息安全风险评估工作。 •建设和完善信息安全监控体系。 •保证信息安全资金。 •健全信息安全管理责任制。	**公通字〔2004〕66号：** **《关于信息安全等级保护工作的实施意见》** •公安机关负责信息安全等级保护工作的监督、检查、指导。 •国家保密工作部门负责等级保护工作中有关保密工作的监督、检查、指导。 •国家密码管理部门负责等级保护工作中有关密码工作的监督、检查、指导。	•电信、广电行业的公用通信网、广播电视传输网等基础信息网络、经营性公众互联网信息服务单位、互联网接入服务单位、数据中心等单位的重要信息系统。 •铁路、银行、海关、税务、银行、电力、证券、保险、外交、科技、发展改革、国防科技、公安、人事劳动和社会保障、财政、审计、商务、水利、国土资源能源、交通、文化、教育、统计、工商行政管理、邮政行业部门的生产、调度、管理、办公等重要信息系统。

图 1-16　信息安全等级保护相关政策

1.6.2　等级保护的意义

1. 提高整体保障水平，优化安全资源分配

（1）提高整体保障水平：能有效提高信息安全保障工作的整体水平，有效解决信息系统面临的威胁和存在的主要问题。

（2）优化安全资源分配：将有限的财力、物力、人力投入重点地方，发挥最大的安全经济效益。

2. 合法、合规

2017 年 6 月 1 日，《中华人民共和国网络安全法》正式施行。《中华人民共和国网络安全法》第二十一条规定了"国家实行网络安全等级保护制度"，具体内容如下。

第二十一条　国家实行网络安全等级保护制度。网络运营者应当按照网络安全等级保护制度的要求，履行下列安全保护义务，保障网络免受干扰、破坏或者未经授权的访问，防止网络数据泄露或者被窃取、篡改：

（一）制定内部安全管理制度和操作规程，确定网络安全负责人，落实网络安全保护责任；

（二）采取防范计算机病毒和网络攻击、网络侵入等危害网络安全行为的技术措施；

（三）采取监测、记录网络运行状态、网络安全事件的技术措施，并按照规定留存相关的网络日志不少于 6 个月；

（四）采取数据分类、重要数据备份和加密等措施；

（五）法律、行政法规规定的其他义务。

1.6.3　等级保护的发展历程

等级保护经历了近 30 年的发展，大概可分为 3 个阶段，具体如图 1-17 所示。

2007年至今
推广阶段

开始定级、整改、测评、检查，各行业单位开始全面定级/整改建设

1994～2003年
起步阶段

国家呼吁加强信息安全建设，提出要对信息系统进行等级划分来加以保护

2004～2006年
发展阶段

制定了大量等级保护相关的标准、规范，并在部分单位进行试点

图 1-17　等级保护的发展历程

1.6.4　等级保护关键技术要求

等级保护关键技术要求如图 1-18 所示。

边界防护
- 明确**限制无线网络的使用**，确保无线网络通过受控的边界防护设备接入内部网络

访问控制
- 明确应在**关键网络节点处**对进出网络的信息内容进行过滤，实现对内容的访问控制

通信传输
- 明确网络与通信中的**数据需加密传输**

入侵防范
- 应采取技术措施对网络行为进行分析，实现对网络攻击特别是**未知的新型网络攻击**的检测和分析

恶意代码防范
- 应在关键网络节点处对垃圾邮件进行检测和防护，并维护垃圾邮件防护机制的升级和更新

集中管控
- 强调集中管控、**集中监测、集中分析**

图 1-18　等级保护关键技术要求

1.6.5　等级保护系统定级

等级保护系统主要根据系统被破坏后，对公民、社会、国家造成的损害程度进行定级，具体如表 1-1 所示。

表 1-1　等级保护系统定级

保护等级	公民、法人的合法权益	社会秩序和公共利益	国家安全
第一级	损害	否	否
第二级	严重损害	损害	否
第三级	—	严重损害	损害
第四级	—	严重损害	严重损害
第五级	—	—	严重损害

1.6.6　等级保护流程

等级保护流程如图 1-19 所示。

定级	备案	等级测评	建设整改	监督检查
• 定级是等级保护的首要环节	• 备案是向监管部门告知将进行等级保护建设的必要流程	• 等级测评是评价安全保护状况的方法	• 建设整改是等级保护工作落实的关键	• 监督检查是等级保护工作的外在动力

图 1-19　等级保护流程

本章小结

本章对信息与信息安全进行了介绍，可使读者对信息安全发展历程及信息安全涉及的风险有初步的了解，对信息安全管理的重要性及发展现状、常见信息安全标准与组织及信息安全管理体系有明确的认知，并初步掌握信息安全等级保护的工作流程和方法，能够设计完成简单的信息安全管理制度。

技能拓展

❖ 信息安全案例 1——WannaCry

2017 年，不法分子利用 Windows 操作系统黑客工具 EternalBlue（永恒之蓝）传播一种勒索病毒 WannaCry，超过 10 万台计算机遭到了勒索病毒攻击、感染，造成的损失高达 80 亿美元，如图 1-20 所示。

图 1-20　计算机遭勒索病毒攻击

❖ 信息安全案例 2——海莲花

2012 年 4 月起，某境外组织对政府、科研院所、海事机构、航运企业等相关重要领域展开了有计划、有针对性的长期渗透和攻击，代号为 OceanLotus（海莲花）。该组织意图获取机密资料，截获受害计算机与外界传递的情报，甚至操纵终端自动发送相关情报。图 1-21 为计算机遭受攻击的原因分析。其中，DDoS

为分布式拒绝服务（Distributed Denial of Service）。

图 1-21　计算机遭受攻击的原因分析

✧ **其他信息安全标准简介**

1. 美国——TCSEC

可信计算机系统评价标准（Trusted Computer System Evaluation Criteria，TCSEC）是计算机系统安全评估的第一个正式标准，如表 1-2 所示。该标准于 1970 年由美国国防科学委员会提出，1985 年 12 月由美国国防部公布。

表 1-2　TCSEC 安全等级标准

级别		描述
A：验证保护级	A1	系统管理员必须从开发者那里接收到一个安全策略的正式模型，所有的安装操作都必须由系统管理员进行，系统管理员进行的每一步安装操作都必须有正式文档
B：强制保护级	B1	B 类系统具有强制性保护功能。强制性保护意味着如果用户没有与安全等级相连，系统就不会允许用户存取对象
	B2	
	B3	
C：自主保护级	C1	该类安全等级能够提供审计的保护，并为用户的行动和责任提供审计能力
	C2	
D：无保护级	D1	只为文件和用户提供安全保护。D1 系统最普通的形式是本地操作系统，或者是一个完全没有保护的网络

2. 欧洲——ITSEC

信息技术安全评估标准（Information Technology Security Evaluation Criteria，ITSEC）是欧洲的安全评价标准，如表 1-3 和表 1-4 所示。ITSEC 是英国、法国、德国和荷兰制定的标准，较美国制定的 TCSEC 在功能的灵活性和相关的评估技术方面均有很大的进步。该标准的应用领域为军队、政府和商业。

表 1-3　ITSEC 安全等级标准——功能

级别	描述
F1~F5	TCSEC D~A
F6	数据和程序的完整性
F7	系统的可用性
F8	数据通信的完整性
F9	数据通信的保密性
F10	网络信息的机密性和完整性

表 1-4　ITSEC 安全等级标准——评估

级别	描述
E0	不充分的安全保证
E1	必须有一个安全目标和一个对产品或系统的体系结构设计的非形式化的描述；还需要有功能测试，以表明是否达到安全目标
E2	除了 E1 级的要求外，还必须对详细的设计有非形式化描述。另外，功能测试的证据必须被评估，必须有配置控制系统和认可的分配过程
E3	除了 E2 级的要求外，不仅要评估与安全机制相对应的源代码和硬件设计图，还要评估测试这些机制的证据
E4	除了 E3 级的要求外，必须有支持安全目标的安全策略的基本形式模型
E5	除了 E4 级的要求外，在详细的设计和源代码或硬件设计图之间有紧密的对应关系
E6	除了 E5 级的要求外，必须正式说明安全加强功能和体系结构设计，使其与安全策略的基本形式模型一致

3. 塞班斯法案

该法案全称为《2002 年上市公司会计改革和投资者保护法案》（*Public Company Accounting Reform and Investor Protection Act of 2002，Sarbanes-Oxley Act*，简称 SOX 法案）。SOX 法案中涉及的合同财务流程管理、企业运作过程的跟踪监控等同样可用于信息系统检查。

课后习题

1. 信息安全事件频发的原因是存在漏洞、病毒、后门程序等安全攻击手段。（　　）
   A. 正确　　　　　　　　　　　　B. 错误
2. 信息安全的基本属性为（　　）。
   A. 保密性　　　　　　　　　　　B. 完整性
   C. 可用性、可控性、可靠性　　　D. 以上都是
3. 国际上制定信息安全标准的组织有（　　）。
   A. SO　　　　B. IEC　　　　C. ITU　　　　　　　D. IETF
4. 信息安全管理体系遵循的是_____流程。
5. 简述信息安全的发展历程。
6. 信息安全涉及的风险有哪些？
7. 信息安全风险中的信息风险包括哪些？
8. 等级保护的定义是什么？
9. 等级保护的关键技术要求是什么？
10. 等级保护的流程是什么？

第**2**章

网络与设备

知识目标

① 了解 OSI 模型。

② 了解 TCP/IP 模型。

③ 了解一些较为常见的网络基础设备。

④ 了解一些基本设备初始介绍。

能力目标

① 掌握 TCP/IP 的工作原理。

② 掌握常见 TCP/IP 的工作原理

③ 掌握较为常见的网络设备的功能。

④ 掌握对网络设备进行基础配置的方法。

⑤ 掌握对设备进行文件管理的方法。

素质拓展

网络安全和信息化对一个国家的很多领域而言都是牵一发而动全身的，要认清所面临的形势和任务，充分认识做好工作的重要性和紧迫性，因势而谋，应势而动，顺势而为。

课程导入

小华最近对网络设备产生了浓厚的兴趣，但是由于自身掌握的知识有限，对其了解很片面，不够具体。为了更加全面地了解网络及网络设备，小华决定从网络的基本通信原理、网络的组成和常见的网络协议及设备开始学习，并在规划和组建网络时部署合适的网络设备，同时进行相关配置来连通网络或达到满足网络安全需求的目的。

相关内容

2.1　OSI 模型

2.1.1　OSI 模型的提出

开放式系统互联（Open System Interconnection，OSI）模型是国际标准化组织提出的一个试图使各种计算机在世界范围内互联为网络的标准框架。设计 OSI 模型的目的是推出一个所有销售商都能使用的开放的网络互联模型，以克服使用众多网络模型所带来的互联困难和低效性，因此 OSI 模型很快成为计算机网络通信的基础模型。

2.1.2　OSI 模型设计原则

OSI 模型在设计时遵循了以下原则。

（1）各个层之间有清晰的边界，便于理解。

（2）每个层实现特定的功能，且相互不影响。

（3）每个层既是服务者又是被服务者，既为上一层服务，又被下一层服务。

（4）层次的划分有利于国际标准协议的制定。

（5）层次的数目应该足够多，以避免各个层功能重复。

2.1.3　OSI 模型分层

OSI 模型将网络通信需要的各种进程划分为 7 个相对独立的功能层次，从下到上依次为物理层、数据链路层、网络层、传输层、会话层、表示层和应用层，其层次功能如图 2-1 所示。OSI 模型中，给每一个层次数据起一个统一的名字，即协议数据单元（Protocol Data Unit，PDU）。相应地，应用层数据称为应用层协议数据单元（Application Protocol Data Unit，APDU），表示层数据称为表示层协议数据单元（Presentation Protocol Data Unit，PPDU），会话层数据称为会话层协议数据单元（Session Protocol Data Unit，SPDU）。通常，传输层数据称为段（Segment），网络层数据称为数据包（Packet），数据链路层数据称为帧（Frame），物理层数据称为比特流（Bit）。

图 2-1　OSI 模型的层次功能

2.1.4　OSI 模型的优点

OSI 模型的优点如下。

（1）简化了相关的网络操作。

（2）提供即插即用的兼容性和不同厂商之间的标准接口。

（3）使各个厂商能够设计出互操作的网络设备，加快数据通信网络发展。

（4）防止一个区域网络的变化影响另一个区域的网络，因此每一个区域的网络都能单独快速升级。

（5）把复杂的网络问题分解为小的简单问题，易于学习和操作。

2.2　TCP/IP 基础

微课视频

2.2.1　TCP/IP 模型和 OSI 模型的对应关系

传输控制协议/互联网协议（Transmission Control Protocol/Internet Protocol，TCP/IP）模型具有开放性和易用性等特点，从而得到了广泛应用。由于 Interent 在全世界飞速发展，TCP/IP 协议栈成为事实上的标准协议，并形成了 TCP/IP 模型。

TCP/IP 模型与 OSI 模型的不同之处在于 TCP/IP 把表示层和会话层都归入应用层，所以 TCP/IP 模型从下至上分为 4 层，即网络接口层、网络层、传输层和应用层。有些文献中将网络接口层称为数据链路层。TCP/IP 模型和 OSI 模型的对应关系如图 2-2 所示。

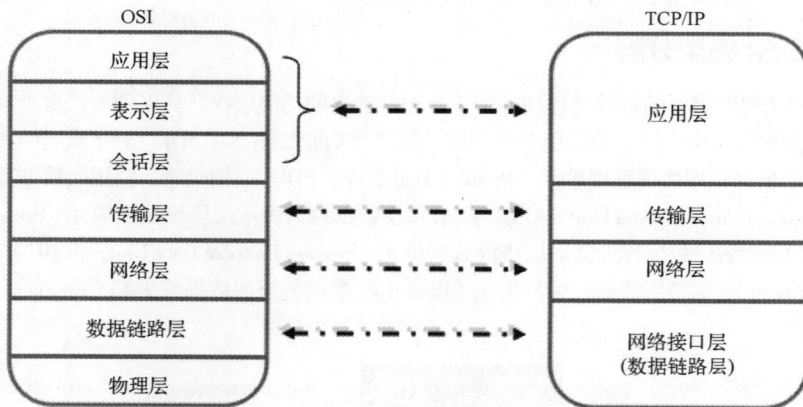

图 2-2　TCP/IP 模型和 OSI 模型的对应关系

2.2.2　TCP/IP 协议栈各层作用

TCP/IP 协议栈每一层都有对应的协议，且均为实现某一网络应用而产生。但也存在一部分协议无法严格具体定义在某一层中，如互联网控制报文协议（Internet Control Message Protocol，ICMP）、互联网组管理协议（Internet Group Management Protocol，IGMP）、地址解析协议（Address Resolution Protocol，ARP）、反向地址转换协议（Reverse Address Resolution Protocol，RARP）等，把它们与网络层 IP 放在同一层，但在某些场合可能会把 ICMP、IGMP 放在 IP 的上层，而把 ARP、RARP 放在 IP 的下层。TCP/IP 协议栈各层作用如图 2-3 所示。

图 2-3　TCP/IP 协议栈各层作用

其中，HTTP 为超文本传送协议（Hypertext Transport Protocol），Telnet 为远程登录服务，TFTP 为简易文件传送协议（Trivial File Transfer Protocol），UDP 为用户数据报协议（User Datagram Protocol），Ethernet 为一种以太网标准，IEEE 802.3 为电气电子工程师学会（Institute of Electrical and Electronics Engineers，IEEE）制定的一种以太网标准，PPP 为点对点协议（Point to Point Protocol），HDLC 为高级数据链路控制（High-level Data Link Control），FR 为帧中继（Frame Relay）。

2.2.3　TCP/IP 协议栈封装与解封

发送方将用户数据提交给应用程序并把数据送达目的地，整个数据封装流程如下。

（1）用户数据传送至应用层，添加应用层信息。

（2）完成应用层处理后，数据将往下层（传输层）继续传送，添加传输层信息（如 TCP 或 UDP，应用层协议已规定是 TCP 还是 UDP）。

（3）完成传输层处理后，数据将往下层（网络层）继续传送，添加网络层信息（如 IP）。

（4）完成网络层处理后，数据将往下层（数据链路层）继续传送，添加数据链路层信息（如 Ethernet 协议、IEEE 802.3 协议、PPP、HDLC 协议等），而后以比特流的方式传输至对端。中间根据不同类型设备采用不同处理方式，交换机一般只进行数据链路层信息处理，而路由器进行更高层（网络层）处理，只有到达最终目的地才能恢复原用户数据。

用户数据到达目的地后，将完成以下解封装流程。

（1）数据包先传送至数据链路层，经过解析后数据链路层信息被剥离，并根据解析信息知道网络层信息，如 IP。

（2）网络层接收数据包后，经过解析后网络层信息被剥离，并根据解析信息知道上层处理协议，如 TCP。

（3）传输层 TCP 接收数据包后，经过解析后传输层信息被剥离，并根据解析信息知道上层处理协议，如 HTTP。

（4）应用层接收到数据包后，经过解析后应用层信息被剥离，最终展示的用户数据与发送方主机发送的数据完全相同。

TCP/IP 协议栈封装与解封过程如图 2-4 所示。

图 2-4 TCP/IP 协议栈封装与解封过程

2.2.4 TCP 连接建立与终止

TCP 的连接建立是一个三次握手过程，目的是让通信双方确认开始序号，以便后续通信的有序进行。TCP 建立三次握手过程如图 2-5 所示。

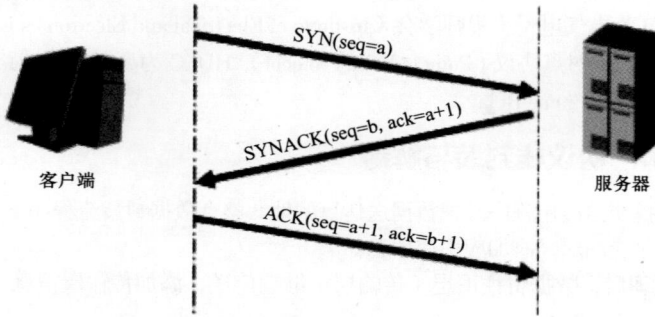

图 2-5 TCP 建立三次握手过程

微课视频

TCP 建立连接的主要步骤如下。

（1）连接开始时，连接建立方（客户端）发送同步（Synchronize，SYN）包，并包含自己的初始序号 a。

（2）连接接收方（服务器）收到 SYN 包后会回复一个 SYN 包，其中包含对上一个 a 包的回应信息确认（Acknowledge，ACK），回应的序号为下一个希望收到包的序号，即 a+1；还包含自己的初始序号 b。

（3）连接建立方（客户端）收到回应的 SYN 包以后回复一个 ACK 包作为响应，其中包含下一个希望收到包的序号，即 b +1。

TCP 终止连接既可以由客户端发起，也可以由服务器发起。以客户端发起为例，TCP 终止连接的四次握手过程如图 2-6 所示。

图 2-6 终止 TCP 连接过程

以客户端发起为例，TCP 终止连接的主要步骤如下。

（1）客户端将执行主动关闭，向服务器发送一个 FIN。

（2）当服务器收到 FIN 时回复一个 ACK，确认序号为收到的序号加 1。与 SYN 一样，一个终止（Finished，FIN）将占用一个序号，同时 TCP 服务器还向应用程序（丢弃服务器）传送一个文件结束符。

（3）服务器程序关闭连接，导致其 TCP 端向客户端发送一个 FIN。客户端必须回复一个确认，并将确认序号设置为收到序号加 1。

2.2.5　套接字与各层协议

一个套接字由以下部分组成：IP 数据包（源 IP 地址、目的 IP 地址）、协议（TCP、UDP）、端口（源端口、目的端口，如 HTTP 80、FTP 21/22、Telnet 23 等），如图 2-7 所示。图中，SMTP 为简单邮件传输协议（Simple Mail Transfer Protocol），SNMP 为简单网络管理协议（Simple Network Management Protocol）。源 IP 地址、目的 IP 地址、协议、源端口、目的端口组成一个会话的五元组，通过五元组，应用服务器可响应任何并发服务请求，且能保证每一个链接在本系统内是唯一的。

图 2-7　套接字组成元素

2.3　常见 TCP/IP 介绍

2.3.1　常见的网络层协议及相关技术

网络层协议主要有 ARP、ICMP、开放式最短路径优先（Open Shortest Path First，OSPF）协议和 SNMP，此处，相关技术介绍 NetStream，如图 2-8 所示。

图 2-8　网络层协议

（1）ARP：用于报文转发到同一网段的主机或网关时，已知目的地址，获取目的地址对应的介质访问控制（Medium Access Control，MAC）地址，同一网段内使用 MAC 地址进行通信。其工作原理如图 2-9 所示，主机 A 发送一个数据包给主机 C 之前，首先要获取主机 C 的 MAC 地址。

图 2-9　ARP 工作原理

（2）ICMP：一般用于测试网络的连通性，典型应用为 Ping 和 Tracert。ICMP 用于传递差错、控制、查询等信息，其工作原理如图 2-10 所示。

图 2-10　ICMP 工作原理

（3）OSPF 协议：具有无环路、收敛快、扩展性好、支持认证等特点，其工作原理如图 2-11 所示。

图 2-11　OSPF 协议工作原理

（4）SNMP：用于在网络管理系统（Network Management System，NMS）和被管理设备之间传输管理信息，其工作原理如图 2-12 所示。

图 2-12　SNMP 工作原理

（5）NetStream：华为技术有限公司的专利技术，是一种网络流信息的统计与发布技术。网络流量数据输出器（NetStream Data Exporter，NDE）把获得的统计信息定期向网络流量收集器（NetStream Collector，NSC）发送，由 NSC 进行进一步的处理，然后交给后续的网络流量数据分析器（NetStream Data Analyzer，NDA）进行数据分析，分析的结果为网络计费与规划提供依据，其工作原理如图 2-13 所示。

图 2-13　NetStream 工作原理

2.3.2　常见应用层协议

应用层协议较多，常见应用层协议一般与应用服务器对应。常见应用服务器如图 2-14 所示。其中，PC 为个人计算机（Personal Computer）。

图 2-14　常见应用服务器

（1）FTP 服务器相关协议：FTP 提供了一种在服务器和客户端之间上传和下载文件的有效方式。使用 FTP 传输数据时，需要在服务器和客户端之间建立控制连接和数据连接。FTP 服务器功能原理如图 2-15 所示。

图 2-15   FTP 服务器功能原理

（2）网页服务器相关协议：网页服务器基于客户端/服务器架构实现。其中，超文本标记语言（HyperText Markup Language，HTML）用于描述文件，统一资源定位符（Uniform Resource Locator，URL）用于指定文件所在，HTTP 或超文本传输安全协议（Hypertext Transfer Protocol Secure，HTTPS）用于与服务器沟通。其功能原理如图 2-16 所示。

图 2-16   网页服务器功能原理

（3）邮件服务器相关协议：SMTP 定义了计算机如何将邮件发送到 SMTP 服务器，以及 SMTP 服务器之间如何中转邮件。邮局协议版本 3（Post Office Protocol Version 3，POP3）和互联网邮件访问协议（Internet Mail Access Protocol，IMAP）规定计算机如何通过客户端软件管理、下载邮件服务器上的电子邮件。基于该种方式，网络管理员需要在邮件服务器上部署 SMTP 服务、POP3 服务（或 IMAP 服务）；终端用户需要在 PC 上安装邮件客户端软件（如 Microsoft Outlook、Foxmail 等邮件管理软件），具体如图 2-17 所示。

图 2-17   邮件服务器功能原理

（4）域名服务器相关协议：DNS 协议是用来将域名转换为 IP 地址（也可以将 IP 地址转换为相应的域名

地址）的一个互联网协议。它将域名和 IP 地址相互映射到一个分布式数据库，能够使人们更方便地访问互联网。DNS 协议使用 TCP 和 UDP 的端口号 53。在 DNS 中涉及以下几种类型的服务器：根服务器、顶级域名服务器、递归服务器、缓存服务器，具体如图 2–18 所示。

图 2–18　域名服务器功能原理

2.4　网络基础设备

网络基础设备主要由交换机、路由器、防火墙等构成，是网络通信的重要组成部分，需要对这些设备进行相关配置后才能实现正常通信。

2.4.1　交换机

交换机工作在数据链路层，用于转发数据帧，其工作原理如图 2–19 所示。

图 2–19　交换机工作原理

1. 交换机的转发行为

交换机的转发行为如图 2–20 所示。

图 2-20　交换机的转发行为

2. 学习 MAC 地址

交换机将收到的数据帧的源 MAC 地址和对应接口记录到 MAC 地址表中，如图 2-21 所示。

3. 转发数据帧

当数据帧的目的 MAC 地址不在 MAC 表中，或者目的 MAC 地址为广播地址时，交换机会泛洪该帧，如图 2-22 所示。

4. 目标主机回复

交换机根据 MAC 地址表将目标主机的回复信息单播转发给源主机，如图 2-23 所示。

图 2-21　学习 MAC 地址

图 2-22　转发数据帧

MAC 地址表

MAC 地址	接口
00-01-02-03-04-AA	G0/0/1
00-01-02-03-04-CC	G0/0/3

交换机

G0/0/1

G0/0/2 G0/0/3

目的 MAC 00-01-02-03-04-AA 源 MAC 00-01-02-03-04-CC 数据

主机 A

主机 B

主机 C

IP 地址：10.1.1.1/24
MAC 地址：00-01-02-03-04-AA

IP 地址：10.1.1.2/24
MAC 地址：00-01-02-03-04-BB

IP 地址：10.1.1.3/24
MAC 地址：00-01-02-03-04-CC

图 2-23　目标主机回复

2.4.2　路由器

路由器是连接 Internet 中各局域网、广域网的设备，能够在不同的网络之间转发数据包，如图 2-24 所示。

主机 A　　路由器 A　　路由器 B　　路由器 C　　主机 B

| 应用层 |
| 传输层 |
| 网络层 |
| 数据链路层 |
| 物理层 |

路由器 A

| 网络层 |
| 数据链路层 |
| 物理层 |

路由器 B

| 网络层 |
| 数据链路层 |
| 物理层 |

路由器 C

| 网络层 |
| 数据链路层 |
| 物理层 |

| 应用层 |
| 传输层 |
| 网络层 |
| 数据链路层 |
| 物理层 |

图 2-24　路由器数据转发

路由选路是指路由器负责为数据包选择一条最优路径，并进行转发，如图 2-25 所示。

路由器 B

路由器 A

路由器 D

路由器 C

图 2-25　路由选路

2.4.3　防火墙

防火墙是一种位于内部网络与外部网络之间的网络安全系统，主要用于保护一个网络区域免受来自另一个网络区域的网络攻击和网络入侵行为，如图 2-26 所示。

图 2-26　防火墙功能

1. 防火墙安全区域

安全区域（Security Zone），或者简称为区域（Zone），是本地逻辑安全区域的概念。安全区域是一个或多个接口所连接的网络，具体如图 2-27 所示。

图 2-27　防火墙安全区域

2. 防火墙安全区域与接口关系

在防火墙中是以接口为单位来进行分类的，即同一个接口所连网络的所有网络设备一定位于同一安全区域中，而一个安全区域可以包含多个接口所连的网络。这里的接口既可以是物理接口，也可以是逻辑接口，所以可以通过子接口或者虚拟局域网接口（Virtual Local Area Network Interface，VLANIF）等逻辑接口实现将同一物理接口所连的不同网段的用户划入不同安全区域的功能。防火墙安全区域与接口关系如图 2-28 所示。

图 2-28　防火墙安全区域与接口关系

3. 防火墙与交换机、路由器对比

路由器与交换机的本质是转发，防火墙的本质是控制，三者之间的对比如图 2-29 所示。

图 2-29　防火墙与交换机、路由器对比

2.5　设备初始介绍

2.5.1　VRP 简介

通用路由平台（Versatile Routing Platform，VRP）的主要功能如下。

（1）提供一个网络操作系统。

（2）支撑多种设备的软件平台。

（3）提供 TCP/IP 路由服务。

2.5.2　命令行简介

　系统将命令行接口划分为若干个命令视图，系统的所有命令都注册在某个（或某些）命令视图下，只有在相应的视图下才能执行该视图下的命令。主要命令视图如图 2-30 所示。

```
<USG6000V1>                                        用户视图
<USG6000V1>system-view
Enter system view, return user view with Ctrl+Z.   系统视图
[USG6000V1]
[USG6000V1]interface GigabitEthernet 1/0/1
[USG6000V1-GigabitEthernet1/0/1]                   接口视图
[USG6000V1-GigabitEthernet1/0/1]quit
[USG6000V1]ospf 1                                  协议视图
[USG6000V1-ospf-1]
```

图 2-30　主要命令视图

2.5.3　命令行帮助

1. 命令行全部帮助

用户在命令行输入时，系统可以给予全部关键字或参数的提示。在任一命令视图下输入"?"，获取该命令视图下所有的命令及其简单描述，如图 2-31 所示。

```
<USG6000V1>?
User view commands:
  arp                      Specify ARP configuration information
  backup-configuration     Indicate backup configuration file for system startup
  cd                       Change current directory
  check                    Check information
```

图 2-31　命令行全部帮助

2. 命令行部分帮助

用户在命令行输入时，系统可给予该字符串开头的所有关键字或参数的提示。输入一字符串，其后紧接"?"，即可列出以该字符串开头的所有关键字，如图 2-32 所示。

```
<USG6000V1>d?
  debugging                       delete
  diagnose                        dir
  display                         download
```

图 2-32　命令行部分帮助

如果与不完整的关键字匹配的关键字唯一，在输入首字母后按 Tab 键，即可自动补全要输入的命令，如图 2-33 所示。

```
[USG6000V1]info-
[USG6000V1]info-center
```

图 2-33　Tab 键补全

2.5.4　配置接口

在命令行模式配置接口时，其命令较多，可以使用 Web 视图进行相应配置。选择"网络 > 接口"，选择对应接口编辑，在打开的对话框中可以配置接口别名、虚拟系统、安全区域、模式、IP 地址、首选 DNS 服务器、备用 DNS 服务器、接口带宽等，如图 2-34 所示。在高级选项中还可配置接口最大传输单元（Maximum Transmission Unit，MTU）和 ARP 严格学习。

图 2-34　配置接口

2.6 设备登录管理

2.6.1 通过 Console 口登录

使用 PC 终端通过连接设备的 Console 口登录设备，进行第一次上电和配置。当用户无法远程访问设备时，可通过 Console 口进行本地登录；当设备系统无法启动时，可通过 Console 口进行诊断或进入 BootRom 进行系统升级。如果使用 PC 进行配置，需要在 PC 上运行终端仿真程序（Putty/Secure CRT/Xshell 的 Serial 协议），从而建立新的连接。

2.6.2 通过 Telnet 登录

通过 PC 终端连接到网络上，使用 Telnet 方式登录到设备上，进行本地或远程配置，目标设备根据配置的登录参数对用户进行验证。Telnet 登录方式便于对设备进行远程管理和维护。

2.6.3 通过 SSH 登录

与其他登录方式相比，安全外壳协议（Secure Shell，SSH）登录能更大限度地保证数据信息交换的安全，它提供了有效的信息保障和强大的认证功能，可保护设备系统不受 IP 欺骗等攻击。SSH 登录步骤如下。

（1）配置 USG（华为防火墙）接口 SSH 设备管理，管理员可根据实际需要打开。

（2）执行命令 stelnet server enable，启用 Stelnet 服务。

（3）在 USG 上生成本地密钥对。

2.6.4 通过 Web 登录

该登录方法适用于配置 PC 终端通过 Web 方式登录，在客户端通过 Web 浏览器访问设备，并进行控制和管理。

> **注意**
>
> PC 和 USG 以太网口的 IP 地址必须在同一网段或 PC 和 USG 之间有可达路由。设备默认开启 HTTP/HTTPS 服务，此时如果使用 HTTP 方式登录，将自动重定向为 HTTPS 方式登录。出于安全性考虑，建议不要关闭 HTTPS 服务。

2.7 设备文件管理

2.7.1 配置文件管理

1. 配置文件类型

saved-configuration：USG 设备启动时所用的配置文件，存储在 USG 设备的 Flash 卡或者 CF（Compact Flash）卡等闪存中，重启后不会丢失。

current-configuration：USG 设备当前生效的配置，命令行和 Web 操作都会修改 current-configuration。该文件存储在 USG 设备的内存中，重启丢失。

2. 配置文件操作

（1）保存配置文件。

（2）擦除配置文件（恢复出厂配置）。

（3）配置下次启动时的系统软件和配置文件。

（4）重启设备。

2.7.2　版本升级

一键升级系统软件：系统软件必须以".bin"作为扩展名，不支持中文。具体步骤如下。

（1）选择"系统"＞"系统更新"。

（2）单击"一键式版本升级"按钮，显示一键升级系统软件向导界面。

（3）依次单击"导出"按钮，将设备上的告警信息、日志信息和配置信息导出到终端。建议将配置信息保存到终端。

（4）单击"浏览"按钮，选择待上传的系统软件。

（5）根据当前网络是否允许设备升级后立即重启，选中"设置为下次启动系统软件，并重启系统"或"设置为下次启动系统软件，不重启系统"单选按钮。重启设备后，才能使用升级后的系统软件。

2.7.3　License 配置

License 是设备供应商对产品特性的使用范围、期限等进行授权的一种合约形式，其可以动态控制产品的某些特性是否可用。

本章小结

本章首先介绍了计算机网络 OSI 模型的概念及 OSI 模型中不同层次的功能；然后介绍了 TCP/IP 模型中不同层次的功能，并比较了 TCP/IP 模型和 OSI 模型的对应关系；接着学习了网络基础设备，包括常见网络设备的功能、网络设备4种登录方式（Console 口、Telnet、SSH 和 Web）等。

技能拓展

◆ 园区网络安全部署场景

网络安全部署模式如图2-35所示。其中，NIP 为网络入侵防御（Network Intrusion Prevention），ATIC 为异常流量监管系统（Abnormal Traffic Inspection & Control System），Anti-DDoS 为抗分布式拒绝服务（Anti Distributed Denial of Service）系统。

图2-35　网络安全部署模式

✧ 防火墙的发展历史

防火墙的发展历史如图 2-36 所示。其中，UTM 为统一威胁管理（Unified Threat Management），NGFW 为下一代防火墙（Next Generation Firewall），DPI 为深度包检测（Deep Packet Inspection）。

图 2-36　防火墙的发展历史

课后习题

1. 采用默认 Web 方式登录时，默认登录的地址为（　　）。
   A. 192.168.0.1/24　　　B. 192.168.1.1/24　　　C. 172.16.0.1/16　　　D. 172.16.1.1/16
2. 以下（　　）不属于 TCP/IP 模型。
   A. 数据链路层　　　B. 传输层　　　C. 会话层　　　D. 应用层
3. 以下（　　）报文是 TCP 三次握手的首包。
   A. SYN+ACK　　　B. SYN　　　C. ACK　　　D. FIN
4. 用户在 VRP 命令行输入命令时，如果与不完整的关键字匹配的关键字唯一，输入命令时按＿＿＿键可以补全。
5. OSI 七层模型分别有哪些？
6. OSI 模型的优点是什么？
7. 常见的网络层协议有哪些？
8. 路由器的功能有哪些？
9. 防火墙的作用有哪些？
10. 设备登录管理有哪几种方式？

第 3 章

信息安全威胁、防范及发展趋势

知识目标

① 了解信息安全威胁现状。

② 了解网络安全威胁。

③ 了解应用安全威胁。

④ 了解信息安全防范的关键要素。

⑤ 了解网络安全意识在安全防范中的重要性。

⑥ 了解信息安全防御未来发展趋势。

能力目标

① 描述信息安全威胁分类。

② 描述常见信息安全威胁手段。

③ 学会如何避免存在的潜在安全威胁。

④ 提升在公共场合的信息安全意识。

素质拓展

在信息时代，网络安全对国家安全而言牵一发而动全身，同许多其他方面的安全都有着密切关系。

课程导入

小华进入公司后，作为技术员被外派到某公司驻点。在对该公司进行走访的过程中，小华发现该公司员工对于常见信息安全威胁并没有太多了解，对于信息安全威胁的现状、分类也没有切身的感受，从而在信息安全威胁防范方面没有强有力的措施。为了加强该公司员工的信息安全威胁防范意识，小华决定对该公司员工进行信息安全威胁普识教育，从而全面提高该公司的信息安全。

相关内容

3.1 信息安全威胁现状

3.1.1 信息安全攻击事件的演变

1. 攻击方式变化小

攻击的方式仍然是所能看到的病毒、漏洞、钓鱼网站等，并无太大变化。

2. 攻击手段由单一变得复杂

一次重大攻击往往需要精密部署，长期潜伏，以及多种攻击手段相结合，以达到最终目的。

3. 攻击目标多样化

从网络层面来看，攻击目标可以是个人计算机、工作站、服务器、交换机、数据库、云平台等网络终端和设施。从国家安全层面来看，攻击目标可以是经济、政治、军事、外交、科技、教育等领域，甚至能通过攻击影响世界格局。

微课视频

3.1.2 信息安全威胁分类

1. 网络安全威胁

网络安全威胁包括扫描、欺骗攻击、DDoS 攻击等。

2. 应用安全威胁

应用安全威胁包括漏洞带来的威胁、钓鱼攻击、恶意代码等。

3. 数据传输与终端安全威胁

数据传输与终端安全威胁包括中间人攻击、信息未加密或加密强度不够带来的威胁、身份认证攻击等。

3.2 网络安全威胁

3.2.1 扫描

扫描是一种潜在的攻击行为，其本身并不是直接的破坏行为，通常是攻击者发动真正攻击前的网络探测行为。扫描可分为地址扫描和端口扫描，如图 3-1 所示。

地址扫描	端口扫描
攻击者运用ICMP报文探测目标地址，或者使用TCP/UDP报文对一些地址发起连接，通过判断是否有应答报文，以确定哪些目标系统确实存在并且连接在目标网络上	攻击者通过对端口进行扫描探寻被攻击对象目前开放的端口，以确定攻击方式。在端口扫描攻击中，攻击者通常使用端口扫描软件发起一系列TCP/UDP连接，根据应答报文判断主机是否使用这些端口提供服务

图 3-1 扫描分类

3.2.2 欺骗攻击——获取控制权限

攻击者可以通过各种欺骗攻击来获取访问和控制权限。

IP 欺骗攻击是指攻击者通过向目标主机发送源 IP 地址（信任主机）伪造的报文，欺骗目标主机，从而获取更高的访问和控制权限，如图 3-2 所示。

图 3-2　IP 欺骗攻击

3.2.3 DDoS 攻击

DDoS 攻击主要是耗尽网络带宽和服务器资源，如图 3-3 所示。

图 3-3　DDoS 攻击

3.2.4 网络类攻击的防御手段

1. 防火墙

通过在大中型企业、数据中心等网络的内网出口处部署防火墙可以防范各种常见的 DDoS 攻击，还可以对传统单包攻击进行有效防范。

2. Anti-DDoS 设备

Anti-DDoS 解决方案面向运营商、企业、数据中心、门户网站、在线游戏、在线视频、DNS 域名服务等提供专业 DDoS 攻击防护。

3.3　应用安全威胁

3.3.1　漏洞带来的威胁

漏洞是在硬件、软件、协议的具体实现或系统安全策略上存在的缺陷，可以使攻击者在未授权的情况下访问或破坏系统。

如果不及时对系统漏洞进行修复，将会带来以下威胁。

（1）注入攻击。

（2）跨站脚本攻击。

（3）恶意代码传播。

（4）数据泄露。

3.3.2 钓鱼攻击

"钓鱼"是一种网络欺诈行为，指不法分子利用各种手段仿冒真实网站的 URL 地址及页面内容，或利用真实网站服务器程序上的漏洞在站点的某些网页中插入危险的 HTML 代码，以此骗取用户银行或信用卡账号、密码等私人资料。钓鱼攻击如图 3-4 所示。

图 3-4 钓鱼攻击

3.3.3 恶意代码

恶意代码是指故意编制或设置的、对网络或系统会产生威胁或潜在威胁的计算机代码。常见的恶意代码有病毒、特洛伊木马、网络蠕虫、后门等，如图 3-5 所示。

图 3-5 恶意代码

3.3.4 应用类攻击的防御手段

（1）定期修复漏洞：进行漏洞扫描，安装补丁。

（2）提高安全意识：对可疑网站、链接保持警觉。

（3）专业设备防护：防火墙、杀毒软件。

3.4　数据传输与终端安全威胁

3.4.1　数据传输与终端安全威胁案例

1. 用户通信遭受 NSA 监听

美国国家安全局（National Security Agency，NSA）在云端监听 Google（包括 Gmail）和 Yahoo 用户的加密通信，NSA 利用 Google 前端服务器做加解密的特点绕过该设备，直接监听后端明文数据，如图 3-6 所示。

图 3-6　NSA 监听用户通信

2. Tumblr 用户信息泄露

2016 年，轻博客网站 Tumblr 上超过半数的账号和密码被黑客盗取。黑客通过一定的方式侵入了 Tumblr 的服务器，获取了 Tumblr 用户信息。Tumblr 曾发声因数据库信息加密，对用户不会造成影响，然而事实证明数据库信息加密采用了较弱的算法，黑客获取加密的用户信息后，在较短时间内便破解了大量的用户信息。

3.4.2　常见的数据传输与终端安全威胁

常见的数据传输与终端安全威胁如图 3-7 所示。

图 3-7　常见的数据传输与终端安全威胁

1. 中间人攻击

中间人攻击（Man-in-the-Middle Attack，MITM）是一种"间接"的入侵攻击，这种攻击模式通过各种技术手段将受入侵者控制的一台计算机虚拟放置在网络连接中的两台通信计算机之间，这台计算机就称为"中间人"，如图 3-8 所示。

图 3-8　中间人攻击

防范建议：保持警惕，时刻注意；使用 HTTPS，不要随便点击邮件中的链接；认真对待告警信息；避免使用公共 Wi-Fi；运行并更新防病毒和安全软件，使用广告屏蔽软件。

2. 信息未加密或加密强度不够带来的威胁

如果信息未加密或加密强度不够，信息就有可能会被盗取和破解。

防范建议：信息存储和信息传输必须加密，并采用强加密算法。

3. 身份认证攻击

身份认证攻击是指攻击者通过一定手段获知身份认证信息，进而通过该身份信息盗取敏感信息或者达到某些非法目的的过程。身份认证攻击是整个攻击事件中常见的攻击环节。

防范建议：安装正版杀毒软件，采用高强度密码，降低多密码间的关联性。

3.5　信息安全防范

微课视频

3.5.1　信息安全防范关键要素

信息安全防范关键要素主要包括人员、安全运维与管理、安全产品与技术三个方面，如图 3-9 所示。

- 确保企业各项流程运作过程中的操作合规性，并且在威胁事故发生时及时做好响应、防范和改进
- 安全防范技术确保防范行为具有可操作性
- 安全防范技术在不同技术层次和领域有着不同的方法
- "在信息安全中，人是最薄弱的环节。"
- 确保企业员工拥有良好的安全防范意识是极为重要的一环

三者环环相扣，缺一不可！

图 3-9　信息安全防范关键要素

3.5.2　信息安全防范方法

信息安全防范方法与信息安全防范关键要素相对应，如图 3-10 所示。其中，IPS 为入侵防御系统（Intrusion Prevention System），IDS 为入侵检测系统（Intrusion Detection System）。

图 3-10　信息安全防范方法

3.6　信息安全意识

信息安全意识就是人们头脑中建立起来的信息化工作必须安全的观念，也就是人们在信息化工作中对各种各样有可能对信息本身或信息所处的介质造成损害的外在条件的一种戒备和警觉的心理状态。

信息安全意识的涉及面较广，我们以公共 Wi-Fi 安全意识为例进行讲解。

3.6.1　公共 Wi-Fi 的安全意识

针对网民在公共场所连接 Wi-Fi 的行为，相关部门进行了统计汇总，如图 3-11 所示。

图 3-11　网民连接公共 Wi-Fi 的行为

网民通过公共 Wi-Fi 上网时的主要用途如图 3-12 所示。

图 3-12　网民通过公共 Wi-Fi 上网时的主要用途

3.6.2　公共场所的 Wi-Fi 安全隐患

据相关部门统计发现，现有公共场所 Wi-Fi 中有 80%能被轻易破解。每年"蹭网"给人们带来的网银被盗、账号被盗等经济损失多达 50 亿元。网民连接公共场所 Wi-Fi 所造成的损失案例如图 3-13 所示。

图 3-13　网民连接公共场所 Wi-Fi 所造成的损失案例

3.6.3　培养信息安全意识

在培养和建立信息安全意识过程中，养成敏锐的思考模式和习惯也是防范网络欺骗的有效途径，其主要培养方法如图 3-14 所示。

图 3-14　信息安全意识培养方法

3.7　信息安全防御未来发展趋势

信息安全防御未来发展趋势如图 3-15 所示。

图 3-15　信息安全防御未来发展趋势

（1）安全服务化是指应进行安全检查服务，如图 3-16 所示。

图 3-16　安全检查服务

（2）终端检测重要性日益凸显，如图 3-17 所示。其中，C&C 为命令与控制（Command and Control），MD5 为消息摘要算法第五版（Message Digest Algorithm5）。

图 3-17　终端检测

（3）流量管控由 IP 向应用演进，如图 3-18 所示。其中，VPN 为虚拟专用网络（Virtual Private Network），DLP 为数据泄露预防（Data Loss Prevention）。

图 3-18　流量管控演进进程

（4）软件定义安全防御方案（华为 SDSec），如图 3-19 所示。

图 3-19　软件定义安全防御方案

本章小结

　　本章介绍了信息安全威胁现状，对网络安全威胁、应用安全威胁和数据传输与终端安全威胁进行了分析，从而总结出安全威胁防范的基本要素，强调了网络安全意识在安全防护中的重要性，并对信息安全防御未来发展趋势进行了展望。

✎ 技能拓展

❖ 安全事件层出不穷
安全事件的类别如图 3-20 所示。

- 2017年5月12日晚，WannaCry勒索病毒全球爆发，存在漏洞的计算机开机上网就可被攻击

恶意代码攻击

- 2017年，国内多款软件在升级更新时遭遇网络流量劫持攻击，用户以为在升级，实际却把病毒安装到了计算机上

通信过程被挟持

安全事件

- 电信网络诈骗案件90%以上是违法分子靠掌握公民详细信息进行的精准诈骗

个人信息泄露

- 2018年2月，人气网游《最终幻想14》遭遇长达3小时的DDoS攻击
- 2016年11月10日，俄罗斯五家主流大型银行遭遇长达两天的DDoS攻击

DDoS攻击

图 3-20　安全事件的类别

❖ 网络战争的开端——"震网"病毒
2011 年 2 月，伊朗突然宣布暂时卸载首座核电站的核燃料，因为在遭受"震网"病毒攻击后，核电站 1/5 的离心机报废。"震网"病毒的特点如图 3-21 所示。

复杂的网络武器

蠕虫病毒

截至2010年9月已感染45000个网络

STUXnet
震网

使用移动介质植入病毒

综合利用多种手段进行攻击

第一个定向攻击真实世界中基础（能源）设施的病毒

图 3-21　"震网"病毒的特点

❖ 网络蠕虫攻击微博网站事件
国内某微博网站曾发生过一次网络蠕虫攻击事件，不到 1 小时便有超过 3 万用户受到该网络蠕虫的攻击，其攻击过程如图 3-22 所示。

被极具吸引力的标题诱导的
用户点击了链接，随即感染
网络蠕虫

中毒消息呈指数增长，
大量用户感染网络蠕虫

利用网页漏洞　**网络钓鱼**　**传输网络蠕虫**　**网站攻陷**

新建一个用户账号使自己
感染网络蠕虫并将链接发
到公共板块

感染网络蠕虫的用户
会自动发微博、私信，
被关注自己的人所看到

图 3-22　网络蠕虫攻击过程

◇　Target 公司遭黑客入侵攻击

Target 公司是一家位于美国的折扣零售店，是美国第四大零售商。2013 年年底其被黑客入侵，黑客盗走公司 1.1 亿的客户数据。黑客攻击流程如图 3-23 所示。

向Fazio公司发送木马邮件，
获取公对公支付系统账户信息

登录 Target 服务器，
盗走大量数据

侦查　**攻击准备**　**盗取账号**　**发击攻击**

通过公共信息找到第三方公司
Fazio的员工信息

在支付系统服务器上获取
Target公司的域账号

图 3-23　黑客攻击流程

◇　社会工程学

社会工程学（Social Engineering，又译为社交工程学）在 20 世纪 60 年代左右作为正式的学科出现。社会工程学是黑客凯文·米特尼克（Kevin Mitnick）悔改后在《欺骗的艺术》中所提出的，是一种通过利用受害者的心理弱点、本能反应、好奇心、信任、贪婪等进行欺骗或伤害的行为，如图 3-24 所示。

这是否属于社会工程学？

人是最薄弱的环节。
——Kevin Mitnick

图 3-24　社会工程学人性弱点利用

讨论：如果你捡到一张 SIM 卡（电话卡），你能从中获得什么信息？SIM 卡所能提供的信息如图 3-25 所示。

获取卡主身份信息

通过QQ、微博获取卡主的
生日、所在地、年龄等信息

登录支付宝

获得卡主名字信息

获得电话号码

将SIM卡插入手机，手机可
显示出该卡卡号信息

获得卡主社交关系

从卡主的微博等社交平台
获取卡主的朋友、亲人资
料或照片信息

查找上网记录

根据营业厅提供的上网记录，
查询到用户最常访问的网站、
QQ、微博

登录SIM卡的网上营业厅

获取卡主身份证号码前 4 位和后 4 位，
中间部分可根据地区和生日猜测

图 3-25　SIM 卡所能提供的信息

◇ Gartner 八大安全技术

Gartner 八大安全技术主要包括可扩展威胁检测与响应（Extended Detection and Response，XDR）、安全流程自动化、人工智能安全等，如图 3-26 所示。

图 3-26　Gartner 八大安全技术

课后习题

1. 以下（　　）属于应用安全威胁。
   A. 注入攻击　　　　　B. 跨站脚本攻击　　　　C. IP 地址欺骗攻击　　　D. 端口扫描
2. 以下（　　）属于数据传输与终端安全威胁。
   A. 中间人攻击　　　　　　　　　　　　　　B. 信息加密强度不够带来的威胁
   C. 钓鱼攻击　　　　　　　　　　　　　　　D. 身份认证攻击
3. 信息安全防范关键要素有（　　）。
   A. 安全运维与管理　　B. 监控　　　　　　　　C. 安全产品与技术　　　D. 人员

4. 下列（　　　）密码设置相对更加安全。
    A. 仅数字密码　　　　　　　　　　　　B. 仅字母密码
    C. 数字+字母组合密码　　　　　　　　 D. 数字+字母+特殊符号组合密码

5. 信息安全威胁分为哪几种？

6. 恶意代码是指什么？

7. 什么是中间人攻击？

8. 信息安全防范关键要素有哪些？

9. 信息安全防范方法有哪些？

10. 信息安全防御未来发展趋势是什么样的？

第 **4** 章

操作系统及服务器安全

通过近一段时间的培训，公司员工已对当前的威胁防范与信息安全发展趋势有了一定的了解，安全意识得以提高。小华立足于公司的长远发展，认为还需要加强公司员工对操作系统和服务器系统的安全认知，并且公司员工应了解操作系统的分类，具备服务器的安全威胁、漏洞的处理等安全处理能力，于是决定再接再厉，给大家讲讲这些内容。

📎 **相关内容** ━━━━━━━━━━━━━━━━━━━━━━━━━━━━━━━━━━━━━

4.1　操作系统基础知识

4.1.1　操作系统定义

操作系统（Operating System，OS）是管理和控制计算机硬件与软件资源的计算机程序，是直接运行在"裸机"上的最基本的系统软件，任何其他软件都必须在操作系统的支持下才能运行。

操作系统是用户和计算机的接口，同时也是计算机硬件和其他软件的接口。操作系统的功能包括管理计算机系统的硬件、软件和数据资源，控制程序运行，改善人机界面，为应用软件提供支持，让计算机系统所有资源最大限度地发挥作用，提供各种形式的用户界面，使用户有一个良好的工作环境，为其他软件的开发提供必要的服务和相应的接口等。实际上，用户是不用接触操作系统的，操作系统管理着计算机硬件资源，同时按照应用程序的资源请求分配资源，如分配中央处理器（Central Processing Unit，CPU）运行时间、开辟内存空间、调用打印机等。

4.1.2　操作系统主要功能

1. CPU 管理

微课视频

CPU 管理的主要任务是对 CPU 资源进行分配，并对其运行进行控制和管理。在多道程序环境下，CPU 资源的分配和运行都以进程为基本单位，所以对 CPU 的管理可归结为进程的管理，主要包括进程控制、进程同步、进程通信、进程调度等。

2. 存储器管理

存储器管理的主要任务是为多道程序的运行提供良好的环境，方便用户使用存储器，提高存储器的利用率，以及从逻辑上扩充内存。为此，存储器管理应具备内存分配、内存保护、内存扩充等功能。

3. 设备管理

设备管理的主要任务是完成用户提出的输入/输出（Input/Output，I/O）请求，为用户区分 I/O 设备；提高 CPU 和 I/O 设备的利用率；提高 I/O 速度；方便用户使用 I/O 设备。为完成上述任务，设备管理应具备缓冲管理、设备分配、虚拟设备等功能。

4. 文件管理

现代计算机系统会将程序和数据以文件的形式存储在磁盘上，供用户使用。文件管理的主要任务就是对用户文件和系统文件进行管理，以方便用户使用，并且保证文件的安全性。因此，文件管理应该具有文件存储空间的管理、文件的读写管理、目录管理和文件的共享与保护等功能。

5. 作业管理

作业管理的主要任务就是为用户提供一个良好环境，使用户能够有效地组织自己的工作，并且使整个系统高效地运行。作业管理应具备任务与界面管理、人机交互、图形界面、语言控制等功能。

4.1.3　操作系统分类

目前的操作系统种类繁多，很难用单一标准统一分类。根据应用领域划分，操作系统可分为桌面操作系统（如 Windows 10 家庭版）、服务器操作系统（如 Windows Server 2019）、嵌入式操作系统（如 Symbian OS）；根据所支持的用户数目，操作系统可分为单用户操作系统（如 MS–DOS、OS/2）、多用户操作系统（如 UNIX、Linux、Windows）；根据源代码开放程度，操作系统可分为开源操作系统（如 Linux、FreeBSD）和闭源操作系统（如 Mac OS、Windows）。

4.2　Windows 操作系统

4.2.1　Windows 操作系统起源

1980 年 3 月，苹果公司的创始人史蒂夫·乔布斯在一次会议上介绍了他在硅谷施乐公司参观时发现的一项技术——图形用户界面（Graphical User Interface，GUI）技术，微软公司总裁比尔·盖茨听后也意识到这项技术潜在的价值，于是带领微软公司开始了 GUI 软件——Windows 的开发工作。

1985 年，微软公司正式发布了第一代窗口式多任务系统——Windows 1.0，但由于当时硬件水平所限，Windows 1.0 并没有获得预期的反响，也没有发挥出它的优势。但是，该操作系统的推出标志着 PC 开始进入了图形用户界面时代。在图形用户界面的操作系统中，大部分操作对象都用相应的图标（Icon）表示。这种操作界面形象直观，使计算机更贴近用户的心理和实际需求。

4.2.2　Windows 操作系统简介

Microsoft Windows 是微软公司研发的一套操作系统，它于 1985 年问世，起初仅仅是 Microsoft-DOS 模拟环境，其后续版本逐渐发展成为个人计算机和服务器用户的操作系统，并最终取得了世界个人计算机操作系统的垄断地位。此操作系统可以在几种不同类型的平台上运行，如 PC、移动设备、服务器和嵌入式系统等，其中在 PC 领域的应用最为普遍。

Windows 操作系统采用了 GUI，与之前 DOS 需要键入指令的方式相比更为人性化。

4.2.3　Windows 操作系统架构

Windows 操作系统架构可分为用户模式和内核模式共两个部分，如图 4-1 所示，上半部分是用户模式的进程，下半部分是内核模式的系统服务。

图 4-1　Windows 操作系统架构简图

1. 用户进程

系统进程（如登录进程和 Session 管理器）都不是 Windows 服务，不会通过服务控制管理器（Service Control Manager，SCM）启动。

服务进程（如任务调度器和打印机服务）一般需要用户进行登录才可以运行。很多服务应用程序（如 SQL Server 和 Exchange Server）都以服务的方式运行。

用户程序可以是 Windows 16 位、32 位或 64 位，也可以是 MS-DOS 16 位，或者 POSIX 32 位或 64 位，

16 位程序可以运行在 32 位的操作系统之上。但 Windows 11 已经不再支持 16 位应用程序，只支持 32 位和 64 位的应用程序。

　　环境子系统服务器进程实现了部分支持操作系统的环境，也可以说是展现给用户或者开发者的个性化界面。Windows NT 最初发布时带有 Windows、POSIX、OS/2 三个子系统；Windows 2000 是最后带有 POSIX 和 OS/2 的子系统；Windows 旗舰版和企业版也支持一个加强版的 POSIX 子系统，即 SUA（基于 UNIX 的应用）。

2. 内核模式的几个组件

　　（1）Windows 执行实体：包括基础系统服务，如内存管理器、进程和线程管理器、安全管理、I/O 管理、网络、进程间通信。

　　（2）Windows 内核：包括底层系统函数，如线程调度、中断、异常分发、多核同步，还提供了一些常规和实现高层结构的基础对象。

　　（3）设备驱动：包括硬件设备驱动（翻译用户 I/O 到硬件 I/O）、软件驱动（如文件和网络驱动）。

　　（4）硬件抽象层：独立于内核的一层代码，将设备驱动与平台的差异性分离开。

　　（5）窗口和图形系统：实现 GUI 函数，处理用户接口和绘图。

4.2.4　Windows 操作系统版本

　　Windows 操作系统随着计算机软硬件的不断升级而升级，架构从 16 位、32 位再到 64 位，系统版本从最初的 Windows 1.0 发展到大家熟知的 Windows 95、Windows 98、Windows XP、Windows 7、Windows 8、Windows 10 和 Windows Server 服务器企业级操作系统。微软公司一直致力于 Windows 操作系统的开发和完善，其部分版本发展史如图 4–2 所示。

图 4–2　Windows 版本发展史

　　Windows 操作系统目前最新的版本是 Windows 11。Windows Server 目前最新的版本是 Windows Server 2022。

4.2.5　Windows 操作系统的特点

1. 直观、高效、易学、易用的面向对象的图形用户界面

　　从某种意义上说，Windows 操作系统用户界面和开发环境都是面向对象的，用户采用"选择对象→操作对象"这种方式进行工作。例如，要打开一个文档，首先用鼠标或键盘选择该文档，然后从菜单中选择"打开"命令，打开该文档。这种操作方式模拟了现实世界的行为，易于理解、学习和使用。

2. 用户界面统一、友好、美观

Windows 应用程序大多符合 IBM 公司提出的公共用户访问（Common User Acess，CUA）标准，所有的程序拥有相同的或相似的基本外观，包括窗口、菜单、工具条等。用户只要掌握其中一个，就不难学会其他程序，从而降低了用户学习的成本。

3. 丰富的无关设备的图形操作

Windows 操作系统的图形设备接口（Graphics Device Interface，GDI）提供了丰富的图形操作函数，可以绘制出线、圆、框等几何图形，并支持各种输出设备。无关设备意味着在针式打印机上和高分辨率的显示器上都能显示出相同效果的图形。

4. 多任务、多用户

Windows 操作系统是一个多任务的操作环境，它允许用户同时运行多个应用程序，或在一个程序中同时做几件事情。每个程序在屏幕上占据一块矩形区域，该区域称为窗口，窗口是可以重叠的。用户可以移动这些窗口，或在不同的应用程序之间进行切换，并可以在程序之间进行手工和自动的数据交换和通信。

虽然同一时刻计算机可以运行多个应用程序，但仅有一个是处于活动状态的，其标题栏呈现高亮颜色。一个活动的程序是指当前能够接收用户键盘输入的程序。

4.2.6　Windows 操作系统的应用领域

1. 个人桌面系统

根据 NetMarketShare 在 2020 年 6 月的最新统计，Windows 操作系统占全球桌面系统市场份额为 86.69%，其在中国的市场份额为 88%，远超其他操作系统。

2. 企业服务器

根据 NetMarketShare 在 2016 年的统计，企业服务器中 Windows 操作系统的占有率为 88%，其他操作系统为 12%。

3. 银行 ATM

在我国，95%以上的银行的柜员机使用 Windows 操作系统，这是因为 Windows 操作系统比较成熟且比较稳定，用起来也比较熟悉和方便。

4. 移动设备

在移动设备领域，Windows 操作系统的市场占有率较低。

4.3　Linux 操作系统

4.3.1　Linux 发展史

在 Linux 操作系统面世之前，计算机操作系统市场主要由两大操作系统占领：UNIX 和 Windows。

UNIX 操作系统是大中小型机、工作站和高档微型机的主流操作系统，拥有众多的企业用户，并已成为事实上的操作系统标准。

Windows 操作系统则以易用性占据了微型计算机操作系统市场的绝大部分份额。

但是，这两种操作系统都是商品化软件，尤其 UNIX 操作系统价格昂贵，无法在普通用户中普及。由于供教学使用的典型操作系统很少，因此当时在荷兰当教授的美国人 Andrew S.Tanenbaum 编写了一个操作系统，名为 MINIX，用于向学生讲述操作系统内部工作原理。MINIX 虽然只是一个很好的用于教学的简单操作系统，但其最大的优点是公开源代码。全世界学计算机的学生都可以通过钻研 MINIX 源代码来了解计算机里运行的 MINIX 操作系统，芬兰赫尔辛基大学二年级的学生 Linus Torvalds 就是其中一个。在吸收了 MINIX 精华的基础上，Linus 于 1991 年写出了属于自己的 Linux 操作系统，版本为 Linux 0.01，这是 Linux 时代开始的标志。他利用 UNIX 的核心，去除繁杂的核心程序，写成了适用于一般计算机的 X86 系统，并放在网络上供大家下载，并于 1994 年推出完整的核心 Version 1.0。至此，Linux 操作系统逐渐成为功能完善、稳定的操作系统，并被广泛使用。

目前很多商业公司可以免费得到 Linux 操作系统的核心源代码，并加以包装改进后形成自己的产品，即 Linux 发行套件。

4.3.2　Linux 操作系统架构

Linux 操作系统有 4 个主要部分：内核（Kernel）、Shell、文件系统和应用程序，它们可以使用户运行程序、管理文件并使用系统。Linux 操作系统架构如图 4-3 所示。

图 4-3　Linux 操作系统架构

1. 内核

内核是操作系统的核心，具有很多基本功能，负责管理系统的进程、内存、设备驱动程序、文件和网络系统，决定着系统的性能和稳定性。

Linux 操作系统内核由内存管理、进程管理、设备驱动程序、文件系统和网络管理等部分组成。

2. Shell

Shell 是系统的用户界面，提供了用户与内核进行交互操作的接口。Shell 接收用户输入的命令并将其送入内核去执行，是一个命令解释器。另外，Shell 编程语言具有普通编程语言的很多特点，用这种编程语言编写的 Shell 程序与其他应用程序具有同样的效果。

3. 文件系统

文件系统是文件存放在磁盘等存储设备上的组织方法。Linux 操作系统支持多种文件系统，如 EXT2、EXT3、FAT、FAT32、VFAT 和 ISO 9660。

4. 应用程序

标准的 Linux 操作系统一般都有一套称为应用程序的程序集，包括文本编辑器、编程语言、X-Window、办公套件、Internet 工具和数据库等。

4.3.3　常见 Linux 操作系统

Linux 操作系统的发行版本很多，因此无法给出准确版本数，但是有一点是可以肯定的，即 Linux 操作系统正在变得越来越流行。常见的 Linux 操作系统发行版本有 RedHat、CentOS、SuSE、Ubuntu、Debian（GNU/Linux）、Mandriva、Gentoo、Slackware、Knoppix、MEPIS、Xandros、红旗 Linux、深度 Linux 和中标麒麟 Linux 等，如图 4-4 所示。

图 4-4　常见的 Linux 发行版本

4.3.4　Linux 操作系统的特点

1. 完全免费

Linux 操作系统是一款免费的操作系统，用户可以通过网络或其他途径免费获得，并可以任意修改其源代码，这是其他操作系统做不到的。正是由于这一点，来自全世界的无数程序员参与了 Linux 操作系统的修改、编写工作，程序员可以根据自己的兴趣和灵感对其进行更改，这让 Linux 操作系统吸收了无数程序员的思想，并不断壮大。

2. 多用户、多任务

Linux 操作系统支持多用户，各用户对自己的文件设备拥有特殊的权利，从而保证了各用户之间互不影响；多任务则是目前计算机最主要的一个特点，Linux 操作系统可以使多个程序同时并独立地运行。

3. 良好的界面

Linux 操作系统同时具有字符界面和图形界面，在字符界面用户可以通过键盘输入相应的指令来进行操作。Linux 操作系统同时也提供了类似 Windows 图形界面的应用程序 X-Window，用户可以使用鼠标对其进行操作。X-Window 的环境与 Windows 操作系统相似，可以说是一个 Linux 版的 Windows 操作系统。

4. 支持多种平台

Linux 操作系统可以运行在多种硬件平台上，如具有 X86、680X0、SPARC、Alpha 等处理器的平台。此外，Linux 操作系统还是一种嵌入式操作系统，可以运行在掌上电脑、机顶盒或游戏机上。2001 年 1 月发布的 Linux 2.4 版内核已经能够完全支持 Intel 64 位芯片架构。同时，Linux 操作系统也支持多处理器技术，多个处理器同时工作可使系统性能大大提高。

4.3.5　Linux 操作系统的应用领域

由于 Linux 操作系统开放源代码，降低了人们对封闭源代码软件潜在安全性的忧虑，这使得 Linux 操作系统有着更广泛的应用领域。目前，Linux 操作系统的应用领域主要有以下 3 个方面。

1. 桌面应用领域

虽然 Windows 操作系统在桌面应用中一直占据绝对的优势，但是，随着 Linux 操作系统在图形用户接口方面和桌面应用软件方面的发展，Linux 操作系统在桌面应用方面的地位也得到了显著提高，越来越多的桌面用户转而使用 Linux 操作系统。事实证明，Linux 操作系统已经能够满足用户办公、娱乐和信息交流的基本需求。不过，Linux 操作系统在桌面应用市场上的占有率并不高。

2. 高端服务器领域

由于 Linux 操作系统内核具有稳定、开放源代码等特点，且使用者不必支付大笔的使用费用，因此 Linux 操作系统获得了 IBM、戴尔、康柏、SUN 等厂商的支持。目前，常用的服务器操作系统有 UNIX、Linux 和 Windows。根据调查，Linux 操作系统在服务器市场上的占有率已超过 50%。由于 Linux 操作系统可以提供企业网络环境所需的各种网络服务,再加上 Linux 服务器可以提供 VPN 或充当路由器(Router)与网关(Gateway),因此在不同操作系统相互竞争的情况下,企业只需要掌握 Linux 技术并配合系统整合与网络等技术,便能够享有低成本、高可靠的网络环境。

3. 嵌入式应用领域

在通常情况下,嵌入式及信息家电（Information Appliances,IA）的操作系统支持所有的运算功能,但是需要根据实际应用对其内核进行定制和裁剪,以便为专用的硬件提供驱动程序,并且在此基础上进行应用开发。目前,能够支持嵌入式的常见操作系统有 Palm OS、嵌入式 Linux 和 Windows CE。虽然 Linux 操作系统在嵌入式应用领域刚刚起步,但是 Linux 操作系统的特性正好符合 IA（基于 Intel 架构）产品的操作系统小、稳定、实时与多任务等需求,而且 Linux 操作系统开放源代码,不必支付许可证费用。许多世界知名厂商包括 IBM、索尼等纷纷在其 IA 中采用 Linux 技术开发视频电话和数字监控系统等。

4.4　服务器概述

4.4.1　服务器的定义

从广义上来说,服务器是指网络中能够为其他机器提供服务的计算机系统。

从狭义上来说,服务器是指某些高性能计算机,通过网络提供给外部计算机一些业务服务。因此,服务器在稳定性、安全性、性能等方面都比普通 PC 要求更高。

服务器是计算机的一种,它是在网络环境中为客户端提供服务（包括查询、存储、计算等）的高性能计算机。

服务器主要为客户端提供 Web 应用、文件下载、数据库存储、打印等服务。服务器的作用非常广泛,网络游戏、网站、大部分软件需要存放到服务器上,有一些企业还会部署自己的服务器,将平时工作中的大部分重要资料存放在服务器的硬盘中。

服务器其实与日常使用的 PC 没有本质区别,只是在稳定性、安全性和处理数据性能上更加强大。普通 PC 也可以用作服务器,只需要安装服务器的系统即可。不过,服务器对硬件稳定性和质量等要求较高,普通 PC 一般无法长期开机,而服务器上存放的一般是重要数据,所以普通 PC 是不适合用作服务器的。

微课视频

4.4.2　服务器的特点

服务器支持多处理器,具有高可用性、高利用性、高可扩展性、高可管理性等特点,如图 4-5 所示。

图 4-5　服务器的特点

1. 高可用性

因为服务器是为整个网络的客户端提供服务的，所以只要网络中还有用户，服务器就不能中断。在某些特殊场景中，即使没有用户使用服务器，服务器也不可以中断，因为它必须持续不断地为用户提供服务。有些大型企业的服务器需要提供 7×24 小时的服务，如网站服务器及供用户使用的 Web 服务器等。

2. 高利用性

服务器要为多用户提供服务，因此需要具备较高的连接和运算性能。用户在使用 PC 时，有时会觉得 PC 速度慢，如果服务器的性能与所使用的 PC 一样，那么它能承载这么多用户同时访问吗？答案显然是不能。所以，相比于 PC，服务器在性能上肯定要远超平时所使用的 PC。为了实现高速性能，会采用安装对称多处理器和插入大量高速内存的方式。

3. 高可扩展性

随着业务的不断发展，用户数的不断增多，服务器还需要保证具有一定的可扩展性。为了保持高扩展性，服务器应具备可扩展空间和冗余件［如磁盘矩阵位、PCI-e（全称为 Peripheral Component Interconnect Express，一种高速串行计算机扩展总线标准）和内存条插槽位等］。

4. 高可管理性

为了保证所提供业务的高可靠性，服务器还需要具备普通 PC 没有的技术，如双机备份、系统备份、在线诊断、故障预警等，以保证在设备不停机的情况下修复服务器故障。

4.4.3　服务器分类

服务器的种类有很多，具有多种分类方式。

1. 按应用层次划分

（1）入门级服务器：对于一个小部门而言，其办公需求主要是完成文件和打印服务，一般采用入门级服务器即可。

（2）工作组服务器：一般情况下，如果应用不复杂（如没有大型数据库需要管理），一般采用工作组服务器即可。

（3）部门级服务器：具有较高的可用性、可靠性、可扩展性和可管理性，适合中型企业作为 Web 站点和数据中心等使用。

（4）企业级服务器：主要应用于需要处理大量数据，且对处理速度和可靠性要求极高的大型企业和重要行业（如金融、交通、通信等行业）。

2. 按体系架构划分

（1）X86 服务器：复杂指令集计算机（Comlex Instruction Set Computer，CISC）架构服务器，即通常所说的 PC 服务器。它是基于 PC 体系结构，使用 Intel 或其他能兼容 X86 指令集的处理器的服务器。

（2）非 X86 服务器：包括大型机、小型机和 UNIX 服务器，它们使用精简指令集计算机（Reduced Instruction Set Computer，RISC）或显示并行指令计算（Explicitly Parallel Instruction Computing，EPIC）处理器。

3. 按外形划分

（1）机架式服务器：外形像交换机，有 1U（1U=1.75 英寸=4.445 厘米）、2U、4U 等规格。机架式服务器安装在标准的 19 英寸机柜中。其多用于功能型服务器，是现阶段销售数量最多的服务器，机箱尺寸比较小巧，在机柜中可以同时放置多台，如图 4-6 所示。

（2）刀片服务器：在标准高度的机架式机箱内可插装多个卡式的服务器单元，是一种实现高可用高密度（High Availability High Density，HAHD）的低成本服务器平台，专为特殊应用行业和高密度计算环境而设计。刀片服务器就像"刀片"一样，每一块"刀片"实际上就是一块系统主板，如图 4-7 所示。刀片服务器具有超高密度、节省能源、集中化管理、快速部署等特点。

图 4-6 机架式服务器

图 4-7 刀片服务器

（3）塔式服务器：塔式服务器（Tower Server）应该是比较常见也比较容易理解的一种服务器类型，因为它的外形和结构都与立式 PC 类似。当然，由于服务器的主板扩展性较强，插槽也较多，因此其个头比普通主板大。塔式服务器的主机机箱也比标准的 ATX（Advanced Technology Extended，一种主板标准）机箱要大，一般会预留足够的内部空间以便日后进行硬盘和电源的冗余扩展，如图 4-8 所示。就使用对象或者使用级别来说，目前常见的入门级和工作组级服务器基本上都采用这一服务器结构类型，一些部门级服务器也会采用。不过，由于只有一台主机，即使进行升级扩张也有限度，因此在一些应用需求较高的企业中，单机服务器已无法满足要求，需要多机协同工作，而塔式服务器个头太大，独立性太强，协同工作在空间占用和系统管理上都不方便。但总的来说，塔式服务器的功能、性能基本上能满足大部分企业用户的要求，其成本通常也比较低，因此这类服务器仍拥有非常广泛的应用支持。

（4）机柜式服务器：由于一些企业服务器内部结构复杂、设备较多，因此将不同的设备单元或几个服务器都放在一个机柜中，这种服务器称为机柜式服务器，如图 4-9 所示。证券、银行、通信等重要企业应采用具有完备的故障自修复能力的系统，关键部件应采用冗余措施，其关键业务使用的服务器也可以采用双机热备份高可用系统或高性能计算机，这样系统可靠性就可以得到很好的保证。

图 4-8 塔式服务器

图 4-9 机柜式服务器

4.5 服务器软件

服务器软件是一套处理硬件、操作系统和应用软件等不同层级软件管理及升级、系统资源管理、性能维护和监控配置的程序。

服务器软件采用客户端/服务器（Client/Server，C/S）或浏览器/服务器（Browser/Server，B/S）模式，根据软件的不同可以划分为多种形式，主要包括以下几种。

4.5.1 文件服务器

在 C/S 模式下，文件服务器（File Server）是一台对中央存储和数据文件管理负责的计算机，这样在同一网络中的其他计算机就可以访问这些文件，如图 4-10 所示。其中，LAN 为局域网（Local Area Network）。

图 4-10　文件服务器组网

　　文件服务器允许用户在网络上共享信息，而不用通过软磁盘或一些其他外部存储设备来移动文件。任何计算机都能被设置为文件服务器。文件服务器可以是一台普通 PC，用于处理文件请求并在网络中发送它们。在更复杂的网络中，文件服务器也可以是一台专用的网络附加存储（Network Attached Storage，NAS）设备，作为其他计算机的远程硬盘驱动器来运行，并允许网络中的用户像使用其硬盘一样在服务器中存储文件。

4.5.2　数据库服务器

　　数据库服务器（Database Server）由运行在局域网中的一台或多台计算机和数据库管理系统软件共同构成，为客户应用程序提供数据服务。数据库服务器建立在数据库系统基础上，既具有数据库系统的特性，又有其独特的一面。数据库服务器组网如图 4-11 所示，其主要功能如下。

　　（1）数据库管理功能：包括系统配置与管理、数据存取与更新管理、数据完整性管理和数据安全性管理。

　　（2）数据库的查询和操纵功能：包括数据库检索和修改。

　　（3）数据库维护功能：包括数据导入/导出管理，以及数据库结构维护、数据恢复和性能监测功能。

　　（4）数据库并行运行：这是由于在同一时间访问数据库的用户不止一个，因此数据库服务器必须支持并行运行机制，从而处理同时发生的多个事件。

图 4-11　数据库服务器组网

4.5.3　邮件服务器

　　邮件服务器（Mail Server）是一种用来负责电子邮件收发管理的设备。它比网络上的免费邮箱更安全和高效，因此一直是很多企业的必备设备。一个电子邮件系统由 3 个组件构成：用户代理、邮件服务器和邮件传输协议。邮件收发流程如图 4-12 所示。

图 4-12　邮件收发流程

　　（1）用户代理：处理发送邮件和接收邮件这个动作的应用程序。

　　（2）邮件服务器：用来接收由用户代理发送过来的邮件并发送到收件人用户代理处。

　　（3）邮件传输协议：邮件传输过程使用的协议。

4.5.4　网页服务器

网页服务器（Web Server）是指驻留于 Internet 上的某种类型的计算机系统程序，可以向浏览器等 Web 客户端提供文档，也可以放置网站文件让全球用户浏览，还可以放置数据文件让全球用户下载。目前主流的网页服务器有 Apache、Nginx、IIS（Internet Information Server，微软公司推出的一种网页服务器）。

4.5.5　FTP 服务器

FTP 服务器（FTP Server）是在互联网上提供文件存储和访问服务的计算机，它们依照 FTP 提供服务，包括文档传输与管理、不同等级用户认证、命令记录与登录文件记录、限制用户活动的目录等。FTP 服务器组网如图 4-13 所示。

图 4-13　FTP 服务器组网

FTP 服务器具备文本上传和下载功能。

（1）上传：将文件从自己的计算机发送到 FTP 服务器上。

（2）下载：将文件从 FTP 服务器传送到自己的计算机上。

FTP 采用 C/S 模式，客户端和服务器使用 TCP 连接。FTP 服务器主要使用 21 和 20 这两个端口。其中，21 端口用于发送和接收 FTP 控制信息，保持 FTP 会话处于打开状态；20 端口用于发送和接收 FTP 数据。

4.5.6　域名服务器

在上网的时候，人们一般习惯直接输入网址，这就是域名（Domain Name）。其实，计算机只能使用 IP 地址互相识别，而这么多的 IP 地址又很难记忆，所以就有了域名对应 IP 地址的方法，从而使人们更容易记住其所对应的 Web 服务。

域名是 Internet 上某一台计算机或计算机组的名称，用于在数据传输时标识计算机的电子方位（有时也指地理位置）。域名由一串用点分隔的名字组成，通常包含组织名，而且始终包括 2～3 个字母的后缀，以指明组织的类型或该域所在的国家或地区。

DNS 由域名解析器和域名服务器（Domain Name Server）组成。域名服务器是指保存有该网络中所有主机的域名和对应 IP 地址，并具有将域名转换为 IP 地址功能的服务器。其中，域名必须对应一个 IP 地址，一个 IP 地址可以有多个域名，也可以没有域名。域名系统采用类似目录树的等级结构。域名服务器通常为 C/S 模式中的服务器，它主要有两种形式：主服务器和转发服务器。将域名映射为 IP 地址的过程就称为域名解析。

客户访问 Web 页面时的 DNS 解析流程如图 4-14 所示。

图 4-14　客户访问 Web 页面时的 DNS 解析流程

4.5.7   NTP 服务器

网络时间协议（Network Time Protocol，NTP）是用来使计算机时间同步的一种协议，它可以使计算机与其服务器或时钟源［如石英钟、全球定位系统（Global Positioning System，GPS）等］保持同步，从而提供高精准度的时间校正［LAN 上与标准时间差小于 1 毫秒，广域网（Wide Area Network，WAN）上差几十毫秒］，且可以加密确认的方式来防止恶意的协议攻击。NTP 服务器（NTP Server）是一种基于 NTP 的服务器，它通过一个分布式时间服务器和一个客户端实现时间同步。

4.5.8   代理服务器

代理服务器（Proxy Server）是一种重要的服务器安全功能，它主要工作在 OSI 模型的会话层，从而起到防火墙的作用。代理服务器大多被用来连接 Internet 和 LAN。

4.6   服务器安全威胁

4.6.1   服务器安全威胁概述

服务器如果遭受攻击，就有可能无法正常运行。影响服务器正常运行的安全威胁如图 4-15 所示。本节将重点讲解恶意代码、黑客暴力破解、结构化查询语言（Structured Query Language，SQL）注入攻击、DDoS 攻击及其防御方法。

4.6.2   恶意代码

恶意代码产生的威胁或潜在威胁可以分成两个类别：需要宿主程序的威胁和彼此独立的威胁。前者基本上是不能独立于某个实际的应用程序、实用程序或系统程序的程序片段；后者是可以被操作系统调度和运行的自包含程序。下面介绍恶意代码主要类型的内容。

微课视频   图 4-15   影响服务器正常运行的安全威胁

1. 后门

计算机操作的后门是指进入程序的秘密入口，它使得知道后门的人可以不经过常规的安全检查访问过程而进行访问。服务器后门是指攻击者利用一些不为管理员所知的手段，在服务器上偷偷地留下了一个可以让他们在未来随时访问的入口。这个入口通常被隐藏得非常巧妙，一般可以通过各种加密和混淆技术来避免被检测。服务器后门不仅可以让黑客窃取敏感信息，还可以作为拒绝服务攻击的起点。

程序员为了进行调试和测试程序，已经合法地使用了很多年的后门技术。但当后门被无所顾忌的程序员用来获得非授权访问时，后门就变成了威胁。由于很难对后门操作系统进行控制，因此必须将安全措施集中在程序开发和软件更新上才能更好地避免这类攻击。

2. 逻辑炸弹

逻辑炸弹是嵌在某个合法程序里面的一段代码，被设置成当满足特定条件时就会发作，也可理解为"爆炸"。它具有计算机病毒明显的潜伏性，逻辑炸弹一旦触发，就会造成计算机数据丢失、计算机不能从硬盘或者软盘引导，甚至会使整个系统瘫痪。服务器存储着大量的数据和资源，一旦受到逻辑炸弹的攻击，将会损失巨大。

3. 特洛伊木马

特洛伊木马是隐藏在系统中的、用以完成未授权功能的非法程序。它的一个危害是可以非直接地完成一些非授权用户不能直接完成的功能；另一个危害是数据破坏，程序看起来是在完成有用的功能（如计算器程序），但它也可能在悄悄地删除用户文件，直至破坏数据文件。特洛伊木马是一种常见的病毒攻击。如果服务器被植入了该病毒，则服务器将会被黑客完全控制。只要在本地计算机上能操作的功能，如今的木马基本上都能实现。木马的控制端可以像本地用户一样操作远程服务器。

4. 网络蠕虫

网络蠕虫程序是一种通过网络从一个系统传播到另一个系统的感染病毒程序。一旦这种程序在系统中被激活，它就可以表现得像计算机病毒或细菌，或者可以注入特洛伊木马程序，抑或进行任何次数的破坏或毁灭行动。为了演化复制功能，网络蠕虫传播主要靠网络载体实现。例如，网络蠕虫将自己的复制品邮发到另一系统；网络蠕虫执行自身在另一系统中的副本；网络蠕虫作为一个用户注册到另一个远程系统中，然后使用命令将自己从一个系统复制到另一系统。网络蠕虫程序靠新的复制品在远程系统中运行，除了在那个系统中执行非法功能外，其他网络蠕虫继续以同样的方式进行恶意传播和扩散。

网络蠕虫表现出与计算机病毒同样的特征：潜伏、繁殖、触发和执行期。繁殖阶段一般完成以下功能。

（1）通过检查主机表或类似的存储中的远程系统地址来搜索要感染的其他系统。

（2）建立与远程系统的连接。

（3）将自身复制到远程系统并引起该复制运行。

网络蠕虫将自身复制到一个系统之前，也可能试图确定该系统以前是否已经被感染。在多道程序系统中，它也可能将自身命名成一个系统进程，或者使用某个系统管理员可能不会注意的其他名字来掩蔽自己的存在。与病毒一样，网络蠕虫也很难对付，但如果很好地设计并实现了网络安全和单机系统安全检测，就可以有效防御网络蠕虫的威胁。

5. 病毒

病毒是一种攻击性程序，采用把自己的副本嵌入其他文件中的方式来感染计算机系统。当被感染文件加载进内存时，这些副本就会被执行并感染其他文件，如此不断进行下去。病毒通常具有破坏性作用，有些是故意的，有些则不是。通常生物病毒是指基因代码的微小碎片［脱氧核糖核酸（Deoxyribonucleic Acid，DNA）或核糖核酸（Ribonucleic Acid，RNA）］，它可以借用活的细胞组织制造几千个原始病毒的复制品。计算机病毒就像生物病毒一样，它会带着执行代码进入，感染实体并寄宿在一台宿主计算机上。典型的病毒会获得计算机磁盘操作系统的临时控制，每当受感染的计算机接触一个没有被感染的程序时，病毒就将新的副本传到该程序中。因此，通过交换数据的环境就可以进行病毒传播，主要方式有通过移动存储设备进行传播、通过网络进行传播、利用计算机系统和应用软件的弱点进行传播。

例如，CIH 病毒是发现的首例直接破坏计算机系统硬件的病毒，它发作时不但破坏硬盘的引导区和分区表，而且破坏计算机系统基本输入输出系统（Basic Input/Output System，BIOS）芯片中的系统程序，导致主板损坏。再如电子邮件病毒，当"爱虫"发作时，会导致自己存放在计算机上的重要文件及其他文件全部被删除。

4.6.3　黑客暴力破解

暴力破解是一种网络攻击，它试图通过反复猜测登录凭据来获得对服务器的未授权访问。

暴力破解一般用穷举法，这是一种针对密码的破译方法，即将密码进行逐个推算，直到找出真正的密码为止。例如，一个已知是 4 位并且全部由数字组成的密码，共有 10000 种组合，因此最多尝试 10000 次就能找到正确的密码。理论上利用这种方法可以破解任何一种密码，问题只在于如何缩短试误时间。有些人运用计算机来提高效率，有些人辅以字典来缩小密码组合范围。

因此，暴力破解对服务器认证安全、数据安全、权限控制带来了严重安全威胁。

4.6.4　SQL 注入攻击

SQL 注入攻击是黑客对数据库进行攻击的常用手段之一。随着 B/S 模式应用开发的发展，使用这种模式编写应用程序的程序员也越来越多。但是，由于程序员的水平和经验参差不齐，相当大一部分程序员在编写代码时没有对用户输入数据的合法性进行判断，使应用程序存在安全隐患。用户可以提交一段数据库查询代码，根据程序返回的结果获得某些想得知的数据，这就是 SQL 注入（SQL Injection）。

SQL 注入攻击就是攻击者把 SQL 命令插入 Web 表单的输入域或页面请求的查询字符串，欺骗服务器执行恶意的 SQL 命令。

在某些表单中，用户输入的内容直接用来构造（或者影响）动态 SQL 命令，或作为存储过程的输入参数，这类表单特别容易受到 SQL 注入攻击。对于非 Web 的 C/S 框架系统，同样存在 SQL 注入的风险。

SQL 注入攻击属于数据库安全攻击手段之一，可以通过数据库安全防护技术实现有效防护。数据库安全防护技术包括数据库漏洞扫描、数据库加密、数据库防火墙、数据脱敏、数据库安全审计系统。

SQL 注入攻击会导致的数据库安全风险包括刷库、拖库、撞库。

4.6.5　DDoS 攻击

DoS（Denial of Service，拒绝服务）是指通过向服务器发送大量垃圾信息或干扰信息的方式，导致服务器无法向正常用户提供服务的现象。造成 DoS 的攻击行为被称为 DoS 攻击。大多数 DoS 攻击需要相当大的带宽，而以个人为单位的黑客很难消耗高带宽的资源。

为了克服这个缺点，DoS 攻击者开发了分布式的攻击。木马成为黑客控制"傀儡计算机"的工具，越来越多的计算机变成了"肉鸡"，被黑客所利用，并变成了他们的攻击工具。黑客利用简单的工具集合许多的"肉鸡"来同时对同一个目标发动大量的攻击请求，这就是 DDoS 攻击。

DDoS 是一种基于 DoS 的特殊形式的拒绝服务攻击，主要瞄准商业公司、搜索引擎和政府部门等比较大的站点。DDoS 攻击通过多台受控机器向某一指定机器进行攻击，来势迅猛令人难以防备，同时具有较大的破坏性。DDoS 常见攻击方式有 IP 欺骗（Internet Protocol Spoofing，IP Spoofing）、局域网拒绝服务攻击（Local Area Network Denial Attack，LAND Attack）、ICMP 洪水（Internet Control Message Protocol Floods，ICMP Floods）攻击、应用程序级洪水（Application Level Floods）攻击。

4.6.6　防御方法

服务器的安全威胁较多，针对不同的安全威胁，需要不同的防御方法，具体如表 4-1 所示。

表 4-1　防御方法

安全威胁	防御方法
恶意代码	（1）不安装可疑的软件； （2）不打开陌生人的链接； （3）安装杀毒软件； （4）不访问不正规的网站； （5）使用权限有限的账户； （6）保持软件更新； （7）使用反间谍软件工具； （8）监控账户
黑客暴力破解	（1）密码足够复杂； （2）修改默认端口号； （3）不允许密码登录，只能通过认证的密钥登录； （4）网络流量监测； （5）锁定用户； （6）安装防火墙
SQL 注入攻击	（1）使用正则表达式过滤传入的参数； （2）使用 PreparedStatement 代替 Statement； （3）JAVA 脚本页面（Java Server Pages，JSP）中调用该函数检查是否包含非法字符

续表

安全威胁	防御方法
DDoS	（1）源认证； （2）指纹学习； （3）重定向域名

4.7 漏洞和补丁

4.7.1 漏洞的定义

漏洞是指一个系统存在的弱点或缺陷。漏洞可能来自应用软件或操作系统设计时的缺陷或编码时产生的错误，也可能来自业务在交互处理过程中的设计缺陷或逻辑流程上的不合理之处。这些缺陷、错误或不合理之处可能被有意或无意地利用，从而对一个组织的资产或运行造成不利影响，如信息系统被攻击或控制、重要资料被窃取、用户数据被篡改、系统被作为入侵其他主机系统的跳板。从目前发现的漏洞来看，应用软件中的漏洞远远多于操作系统中的漏洞，特别是 Web 应用系统中的漏洞更是占信息系统漏洞中的绝大多数。

1990 年，Dennis Longley 和 Michael Shain 在《数据与计算机安全标准、概念和术语词典》（*The Data and Computer Security Dictionary of Standard*，*Concepts*，*and Terms*）中对漏洞做出了如下定义：在计算机安全中，漏洞是指自动化系统安全过程、管理控制及内部控制中的缺陷，漏洞能够被威胁利用，从而获得对信息的非授权访问或者破坏关键数据的缺陷。

总体来说，漏洞是事先未知、事后发现的。漏洞本身是安全隐患，会使计算机遭受病毒和黑客攻击，漏洞如果被利用，其后果不可预知。漏洞一般能够被远程利用，且可以被修补。

4.7.2 漏洞的危害

漏洞的存在是网络攻击成功的必要条件之一，攻击者要成功入侵，关键在于及早发现和利用目标网络系统中的漏洞。

漏洞为网络系统带来的安全威胁包括普通用户权限提升、获取本地管理员权限、获取远程管理员权限、本地拒绝服务、远程拒绝服务、服务器信息泄露、远程非授权文件访问、读取受限文件、欺骗等，可概括为以下 4 种。

（1）权限绕过和权限提升。该漏洞主要是为了获得期望的数据操作能力，如普通用户权限提升、获取管理员权限等。

（2）拒绝服务攻击。该漏洞是为了获得对系统某些服务的控制权限，导致服务被停止。

（3）数据泄露。该漏洞主要是为了使黑客能够访问本来不可访问的数据，如读取受限文件、服务器信息泄露等。

（4）执行非授权指令。该漏洞主要是让程序将输入的内容作为代码来执行，从而获得远程系统的访问权限或本地系统的更高权限，如 SQL 注入和缓冲区溢出等。

4.7.3 漏洞的分类

漏洞的种类繁多，可以根据不同的依据分类，主要如下。

1. 根据漏洞被攻击者利用的方式划分

（1）本地攻击漏洞：攻击者是本地合法用户或通过其他方式获得本地权限的非法用户。

（2）远程攻击漏洞：攻击者通过网络对连接在网络上的远程主机进行攻击。

2. 根据其对系统造成的潜在威胁及被利用的可能性划分

（1）高级别漏洞：能够获取管理员权限的漏洞。

（2）中级别漏洞：能够获取普通用户权限、读取受限文件、拒绝服务的漏洞。

（3）低级别漏洞：能够读取非受限文件、服务器信息泄露的漏洞。

当然，漏洞的分类并不只有这些，其他分类包括：根据漏洞被人掌握的情况划分，可以分为已知漏洞、未知漏洞和零日漏洞等；根据用户群体划分，可以分为 Windows 漏洞、Linux 漏洞、IE 漏洞、Oracle 漏洞等；根据漏洞所指的目标漏洞存在的位置划分，可以分为操作系统漏洞、网络协议栈漏洞、非服务器程序漏洞、服务器程序漏洞、硬件漏洞、通信协议漏洞、口令恢复漏洞等。

4.7.4 漏洞存在的原因

由于系统的高度复杂性，漏洞是"不可避免"的。一般来说，系统漏洞存在的原因有以下几种。

（1）软件或协议设计时的瑕疵。

（2）软件编写存在程序错误。

（3）系统的不当配置。

（4）安全意识薄弱。

4.7.5 漏洞扫描

既然漏洞是不可避免的，那么就需要通过漏洞扫描将系统的漏洞找出来。

漏洞扫描是一种基于网络远程检测目标网络或本地主机安全性、脆弱性的技术，可以用于进行模拟攻击实验和安全审计。

漏洞扫描用来探测目标主机系统是否存在漏洞，一般是对目标主机进行特定漏洞的扫描。根据是否主动发起扫描，漏洞扫描可以分为以下两类。

（1）被动扫描：是基于主机的检测，对系统中不合适的设置、脆弱的口令和其他同安全规则相抵触的对象进行检查。

（2）主动扫描：是基于网络的检测，通过执行一些脚本文件对系统进行攻击，并记录系统的反应，从而发现漏洞。

漏洞扫描是一种主动的防范措施，可以有效避免黑客攻击行为。当然，黑客也可以使用漏洞扫描技术发现漏洞并发起攻击。常见的漏洞扫描方法如下。

1. Ping 扫描

Ping 扫描就是确认目标主机的 TCP/IP 网络是否连通，即扫描的 IP 地址是否有设备在使用。Ping 扫描确定目标主机地址，端口扫描确定目标主机开放的端口，然后基于端口扫描的结果进行操作系统探测，最后根据掌握的信息进行漏洞扫描。

2. 端口扫描

端口扫描用来探测主机开放的端口，一般是对指定 IP 地址进行某个端口值段或者端口的扫描。端口扫描可以分为以下几类。

（1）全连接扫描：扫描主机通过 TCP/IP 协议的三次握手与目标主机的指定端口建立一次完整的连接。如果端口处于侦听状态，那么连接成功，否则该端口不可用。

（2）SYN 扫描：扫描器向目标主机发送 SYN 包，如果应答是复位（Reset，RST）包，说明端口是关闭的；如果应答报文中有 SYN 和 ACK，说明端口处于侦听状态，再发一个 RST 包给目标主机停止建立连接。

（3）隐蔽扫描：扫描器向目标主机端口发送一个 FIN 包，当 FIN 包到达一个关闭的端口时，FIN 包会被丢弃，且返回一个 RST 包；如果是打开的端口，FIN 包只丢弃而不返回 RST 包。

3．操作系统探测

操作系统探测用来探测目标主机的操作系统信息和提供服务的计算机程序信息。

4.7.6　补丁的定义

补丁原指衣服、被褥上为遮掩破洞而钉补上的小布块，现在也指针对大型软件系统（如 Windows 操作系统）在使用过程中暴露的问题（一般由黑客或病毒设计者发现）而发布的解决问题的小程序。就像衣服烂了要打补丁一样，人编写的程序不可能十全十美，所以软件也免不了会出现程序错误，而补丁专门用于修复这些程序错误。通常补丁是由软件的作者编写的，可以访问相应网站进行下载。

软件刚开发出来时一般都有漏洞或者不完善的地方，在软件发行之后开发者会对软件进行进一步完善，并发布补丁文件，供用户下载、安装，从而改进软件的性能。

操作系统和应用软件的漏洞经常成为安全攻击的入口。解决漏洞问题最直接、最有效的办法就是打补丁，但打补丁是比较被动的方式。对于企业来说，收集、测试、备份、分发等相关的打补丁流程是一个颇为烦琐的过程，甚至补丁本身就有可能成为新的漏洞。为解决补丁管理的混乱，首先需要建立一个覆盖整个网络的自动化补丁知识库；其次是部署一个分发系统，提高补丁分发效率。不仅是补丁管理程序，整个漏洞管理系统还需要与企业的防入侵系统、防病毒系统等其他安全系统集成，构筑一条完整的风险管理防线。目前，一般的企业办公网内部客户端的补丁更新采用分散、多途径的实现方式。一种方式是厂商发布补丁后，管理员将补丁放到内部网的一台文档共享机上，用户通过 IP 地址直接访问，自行完成补丁的安装；另一种方式是管理员将补丁放到系统平台指定的应用数据库中，通过自动复制机制转发到各级代理服务器，用户直接访问数据库便可安装补丁。

4.8　典型漏洞攻击案例

4.8.1　WannaCry 勒索攻击

2017 年 5 月 12 日，网络蠕虫 WannaCry 通过 MS17–010 漏洞在全球范围大爆发，感染了大量的计算机。该网络蠕虫感染计算机后会向其中植入勒索病毒，导致计算机大量文件被加密。受害者计算机被黑客锁定后，病毒会提示支付费用才可解锁，如图 4–16 所示。

图 4–16　WannaCry 勒索病毒锁定图

WannaCry 利用 Windows 操作系统 445 端口存在的漏洞进行传播，并具有自我复制、主动传播的特性。被该勒索病毒入侵后，用户主机系统内的照片、图片、文档、音频、视频等绝大多数类型的文件将被加密，加密文件的扩展名被统一修改为.WNCRY，并会在桌面弹出勒索对话框，要求受害者支付价值数百美元的比特币到攻击者的比特币钱包，且赎金金额还会随着时间的推移而增加。

4.8.2　水牢漏洞

2016 年 3 月，全球大约有 2/3 的网站服务器使用的开源加密工具 OpenSSL 爆出新的安全漏洞——"水牢漏洞"。这一漏洞允许"黑客"攻击网站，并读取密码、信用卡账号、商业机密和金融数据等加密信息，给全球网站带来巨大的安全考验。我国有十万余家网站受到了此漏洞的影响。

📑 本章小结

本章主要介绍了当前常见操作系统的相关知识，从常见操作系统的发展历史、发行版本、操作系统特点、操作系统架构、操作系统应用领域等几个方面进行了讲解，不同操作系统之间具有不同特性，如表 4-2 所示。

表 4-2　Windows 和 Linux 的对比

操作系统	是否免费	软件支持	安全性	使用习惯	可定制性
Linux	免费或少许收费	Linux 下可直接运行的软件数量较少	病毒侵害较少	新手入门困难，需要学习和指导	开放的源代码
Windows	收费	Windows 下可以兼容绝大部分的软件	系统补丁更新频繁，病毒侵害较多	用户上手容易，入门简单	系统定制性差

通过学习本章内容，读者可以了解服务器的分类、常见服务器的功能及常见服务器的安全威胁，并且对系统和软件漏洞有了明确的认识，也了解了常见漏洞补丁的修补和常见安全威胁的防御方法。

📑 技能拓展

✧　Multics 计划

20 世纪 60 年代，计算机还未普及，只有少数人才能使用，而且当时的计算机系统都是批处理的，即把一批任务一次性提交给计算机，然后等待结果，并且中途不能与计算机交互，往往准备作业就需要花费很长时间，并且这个时候别人也不能用，导致了计算机资源的浪费。

为了改变这种情况，在 1965 年前后，贝尔（Bell）实验室、麻省理工学院（Massachusetts Institute of Technology，MIT）和通用电气（General Electric，GE）公司联合起来准备研发一个分时多任务处理系统，简单来说就是实现多人同时使用计算机的梦想，并把计算机取名为 Multics（多路信息计算系统）。但是，由于项目太复杂，加上其他原因导致了项目进展缓慢，1969 年贝尔实验室认为该项目可能不会成功，于是退出了此计划。

✧　UNIX 的诞生

贝尔实验室中一位名为 Ken Thompson 的人在研发 Multics 时编写了一个名为太空大战（Space Travel）的游戏，Ken Thompson 和 Dennis Ritchie 为该游戏编写了一个操作系统，该操作系统以 C 语言为基础，是 Multics 的改编版，并于 1971 年正式发布，这就是后来的 UNIX。

📑 课后习题

1. 操作系统的主要功能中，处理器管理包括（　　　）。

A．进程控制　　　　　　　B．进程同步　　　　C．进程通信　　　　D．进程调度

2．操作系统的主要功能中，存储器管理包括（　　　）。

A．内存分配　　　　　　　B．内存保护　　　　C．内存扩充　　　　D．内存检测

3．操作系统的主要功能中，设备管理包括（　　　）。

A．缓冲管理　　　　　　　B．设备分配　　　　C．虚拟设备　　　　D．设备安装

4．操作系统的主要功能中，作业管理包括（　　　）。

A．任务、界面管理　　　　B．人机交互　　　　C．图形界面　　　　D．语言控制

5．操作系统根据应用领域来划分，可以分为（　　　）。

A．桌面操作系统　　　B．单机操作系统　　　C．服务器操作系统　　　D．嵌入式操作系统

6．以下（　　　）不属于 Windows 操作系统的特点。

A．用户界面统一、友好、美观　　　　　　　B．兼容性强

C．多用户、多任务　　　　　　　　　　　　D．完全免费

7．Linux 操作系统的特点有（　　　）。

A．完全免费（免费的内核源代码）　　　　　B．多用户、多任务

C．良好的界面　　　　　　　　　　　　　　D．支持多种平台

8．服务器按应用层次划分可以分为（　　　）。

A．入门级服务器　　　B．工作组服务器　　　C．部门级服务器　　　D．企业级服务器

9．一台在网络上提供文件传输和访问服务的计算机是（　　　）。

A．FTP 服务器　　　B．域名服务器　　　C．NTP 服务器　　　D．数据库服务器

10．服务器常见的安全威胁有（　　　）。

A．恶意破解　　　B．黑客暴力破解　　　C．SQL 注入攻击　　　D．DDoS 攻击

11．漏洞的常见危害有（　　　）。

A．权限绕过和权限提升　　　　　　　　　　B．拒绝服务攻击

C．数据泄露　　　　　　　　　　　　　　　D．执行非授权指令

第 5 章

主机安全防御

知识目标

① 了解防火墙的定义和分类。

② 了解防火墙的主要功能。

③ 了解杀毒软件的定义。

能力目标

学习区分杀毒软件和防火墙。

素质拓展

举办网络安全宣传周、提升全民网络安全意识，是国家网络安全工作的重要内容。国家网络安全工作要坚持网络安全为人民、网络安全靠人民，保障个人信息安全，维护公民在网络空间的合法权益。

课程导入

通过学习服务器和操作系统安全的相关知识，公司的员工对服务器安全威胁、系统漏洞、系统补丁的安装等都已有所了解。但既然漏洞是不可避免的，那有没有办法能够将这些威胁通过计算机来识别并处理呢？这就需要主机的防火墙和杀毒软件来帮忙，本章将介绍主机防火墙和杀毒软件。

相关内容

墙，始于防，忠于守。自古至今，墙给人以安全之意。顾名思义，防火墙阻挡的是火，这一名词源于建筑领域，其作用是隔离火灾，阻止火势从一个区域蔓延到另一个区域。

引入通信领域，防火墙（Firewall）主要用于保护一个网络免受来自另一个网络的攻击和入侵行为。

杀毒软件是一种可以对病毒、木马等一切已知的对计算机有危害的程序代码进行清除的程序工具。

5.1　防火墙

5.1.1　防火墙的定义

防火墙也称防护墙，其由 Check Point 创立者 Gil Shwed 于 1993 年发明并引入 Internet。防火墙是一种位于内部网络与外部网络之间的网络安全系统，依照特定的规则，允许或限制传输的数据通过。

防火墙实际上是一种隔离技术，是在两个网络通信时执行的一种访问控制尺度。防火墙允许用户"同意"的人和数据进入用户的网络，同时将用户"不同意"的人和数据拒之门外，最大限度地阻止网络中的黑客访问用户的网络。换句话说，如果不通过防火墙，公司内部的人就无法访问 Internet，Internet 上的人也无法和公司内部的人进行通信。防火墙通信控制如图 5-1 所示。

图 5-1　防火墙通信控制

防火墙是硬件、软件、控制策略的集合，硬件和软件是基础，控制策略是关键。其控制策略在表现形式上可分为两种：一种是除非明确禁止，否则允许；另一种是除非明确允许，否则禁止。

5.1.2　防火墙的分类

防火墙从诞生开始，已经历了 4 个发展阶段：基于路由器的防火墙、用户化的防火墙工具集、建立在通用操作系统上的防火墙、具有安全操作系统的防火墙。常见的防火墙属于具有安全操作系统的防火墙，如 NetEye、NetScreen 等。

防火墙可按不同分类依据进行分类，具体如下。

（1）按结构划分，防火墙可分为单一主机防火墙、路由器集成式防火墙、分布式防火墙。

（2）按访问控制方式划分，防火墙可以分为包过滤防火墙、代理防火墙、状态检测防火墙。

（3）按形态划分，防火墙可以分为软件防火墙、硬件防火墙、芯片级防火墙。

（4）按保护对象划分，防火墙可以分为单机防火墙和网络防火墙。

（5）按使用方法划分，防火墙可以分为网络层防火墙、物理层防火墙、链路层防火墙。

（6）按应用部署位置划分，防火墙可以分为边界防火墙、个人防火墙、混合防火墙。

（7）按使用性能划分，防火墙可以分为 100MB、1000MB、10GB、100GB、TB 级防火墙。

5.1.3　Windows 防火墙

从 Windows XP 开始，微软公司就开始将防火墙内置到操作系统中，当然早期的内置防火墙功能相对较弱。Windows XP 中仅提供简单和基本的功能，且只能保护入站流量，阻止任何非本机的入站连接，默认情况下，该防火墙是关闭的；SP2 系统默认防火墙是开启的，系统管理员可以通过组策略启用防火墙软件。Windows Vista 的防火墙是建立在新的 Windows 过滤平台（Windows Filtering Platform，WFP）上的，该防火墙添加了通过高级安全微软管理控制台（Microsoft Management Console，MMC）管理单元过滤出站流量的功能。在 Windows 7 以后的版本中，微软公司已经进一步调整了防火墙的功能，让防火墙更便于用户使用，特别是在移动计算机中能够支持多种防火墙策略。Windows 防火墙配置主界面如图 5-2 所示。

图 5-2　Windows 防火墙配置主界面

具体 Windows 防火墙的配置，将从以下几方面来进行讲解。

1. 允许应用或功能通过 Windows 防火墙

设置应用在防火墙中的通行规则，允许或禁止通过相应防火墙接口，如图 5-3 所示。

图 5-3　允许应用或功能通过 Windows 防火墙

在图 5-3 所示的界面中，各按钮的功能如下。

（1）"更改设置"按钮：添加、更改或删除允许的应用和端口。

（2）"详细信息"按钮：查看允许的应用和功能的详细描述。

（3）"删除"按钮：删除在"允许的应用和功能"列表里的应用或功能。

（4）"允许其他应用"按钮：添加应用或功能到"允许的应用和功能"列表中。

在"允许的应用和功能"列表中还可以选择应用到专用（家庭或工作）网络或公用网络中。

2. 启动或关闭 Windows 防火墙

通过选中"启用 Windows 防火墙"单选按钮或"关闭 Windows 防火墙（不推荐）"单选按钮启用防火墙进行安全防护或者关闭防火墙允许所有程序通过 Windows 防火墙，如图 5-4 所示。

3. 更改通知设置

设置通知规则，如图 5-4 所示。

图 5-4　启用或关闭防火墙及自定义防火墙通知规则

在防火墙开启的情况下，通过选中或不选中"Windows 防火墙阻止新应用时通知我"复选框选择是否在防火墙阻止新应用时进行通知。

4. 高级设置

自定义设置详细的出入站规则和连接安全规则，如图 5-5 所示。

图 5-5　防火墙高级设置

假设在允许应用或功能通过 Windows 防火墙界面进行设置仍无法满足用户的需求，可以进入高级设置界面进行更加详细的规则设置。

在该界面中，用户可以自定义入站规则、出站规则和连接安全规则，还可以对防火墙进行监控。

（1）右键单击"入站规则"，在弹出的快捷菜单中选择"新建规则"命令，如图 5-6 所示。

图 5-6　新建规则

（2）在"规则类型"界面中选中"端口"单选按钮，单击"下一步"按钮，如图 5-7 所示。

图 5-7　选择规则类型

（3）选择协议和端口类型，可选中"特定本地端口"单选按钮，输入要开启或关闭的端口，单击"下一步"按钮，如图 5-8 所示。

图 5-8　设置协议和端口

（4）选中"阻止连接"或"允许连接"单选按钮并单击"下一步"按钮，如图 5-9 所示，选择作用域并输入规则名称后单击"完成"按钮。如果入站规则默认是"阻止"，那么选中"允许连接"单选按钮，表示开启该端口；如果入站规则默认是"允许"，那么选中"阻止连接"单选按钮，表示关闭该端口。

图 5-9 设置连接符合指定条件时的操作

至此，端口设置完成，仅允许 8080 端口数据通过。

5. 还原默认设置

初始化 Windows 防火墙，如图 5-10 所示。

图 5-10 防火墙还原默认值

一旦防火墙规则没设置好，可能就会出现不但没有阻隔网络恶意攻击，反而导致用户无法正常访问互联网的情况。如果因自己的误操作导致无法上网，可使用 Windows 防火墙自带的还原默认值功能，只要单击"还原默认值"按钮，防火墙就能回到初始状态。

6. 对网络问题进行疑难解答

检测网络出现的问题，如图 5-11 所示。

图 5-11　网络疑难解答

此界面在系统或网络出现故障时也会显示，帮助用户修复网络错误。

5.1.4　Linux 防火墙

与 Windows 操作系统不同，在 Linux 操作系统中除了默认的防火墙外，其还内置了一个免费的包过滤防火墙 iptables。下面将从简介、结构、规则、链、表和数据包传输过程等几个方面进行讲解。

微课视频

1. iptables 简介

iptables 伴随着内核的发展而不断演变，经历了以下 4 个阶段。

（1）1.1 内核：采用了 ipfirewall 来操作内核包过滤规则。

（2）2.0 内核：采用了 ipfwadm 来操作内核包过滤规则。

（3）2.2 内核：采用了 ipchains 来操作内核包过滤规则。

（4）2.4 内核：采用了 iptables 来操作内核包过滤规则。

iptables 只是防火墙和用户之间的接口，真正起到防火墙作用的是 Linux 内核中运行的 Netfilter。Linux 操作系统下的防火墙是由 Netfilter 和 iptables 两个组件构成的。

Netfilter 是 Linux 内核中的一个框架，它提供了一系列的表，每个表又由若干个链组成，而每个链又包含若干条规则。

iptables 是用户层面的工具，它可以添加、删除和插入规则，这些规则告诉 Netfilter 组件如何去处理通过的数据包。

2. iptables 结构

iptables 的结构：iptables > 表（table）> 链（chain）> 规则（rule）。简单地讲，表由链组成，而链又由规则组成，如图 5-12 所示。

3. iptables 规则

规则一般定义为"如果数据包符合这样的条件，就这样处理这个数据包"。

iptables 规则会指定由源地址、目的地址、源端口、目的端口和协议组成的五元组信息。当数据包和规则匹配时，iptables 就会根据规则所定义的方法处理这个数据包，如允许通过和丢弃等。

图 5-12　iptables 结构

iptables 定义规则的方式比较复杂，格式如下：

```
iptables [-t table] COMMAND chain CRETIRIA -j ACTION
```

其中，–t table 用于指定表，table 是指 filter、nat、mangle、raw 这 4 个表；COMMAND 用于定义如何对规则进行管理；chain 用于指定接下来的规则到底是在哪个链上操作的，当定义策略时，chain 可以省略；CRETIRIA 用于指定匹配标准；–j ACTION 用于指定如何进行处理。

例如，设置不允许 172.16.0.0/16 进行访问 DNS 的规则代码如下：

```
iptables -t filter -A INPUT -s 172.16.0.0/16 -p udp --dport 53 -j DROP
```

4. iptables 链

链是数据包传播的路径，每个链包含一条或多条规则。一个数据包到达一个链后，iptables 会使用这个链中的第一条规则去匹配该数据包，查看该数据包是否符合该规则所定义的条件，如果满足就根据该规则所定义的动作处理该数据包，否则就继续匹配下一条规则。如果该数据包不符合链中的所有规则，则使用该链的默认策略处理，具体如下。

规则 1　源地址：192.168.1.1，目的地址：any，协议：HTTP。

规则 2　源地址：192.168.1.2，目的地址：any，协议：DNS 协议。

规则 3　源地址：192.168.1.3，目的地址：any，协议：ICMP。

规则 4　源地址：192.168.1.4，目的地址：any，协议：ARP。

规则 5　源地址：192.168.1.5，目的地址：any，协议：IGMP。

iptables 包含 5 条规则链，分别是 PREROUTING（路由前）、INPUT（数据包流入口）、FORWARD（转发关卡）、OUTPUT（数据包出口）、POSTROUTING（路由后）。

这是 NetFilter 规定的 5 个规则链，任何一个数据包只要经过本机，必将经过这 5 个链中的一个。

5. iptables 表

表提供特定的功能，iptables 包含以下 4 个表。

（1）filter：数据包中允许或者不允许的策略。

（2）nat：地址转换功能。

（3）mangle：修改报文数据。

（4）raw：决定数据包是否被状态跟踪机制处理。

这 4 个表的处理优先级为 raw>mangle>nat>filter。raw 表中包含 PREROUTING 和 OUTPUT 这 2 个规则链，filter 包含 INPUT、FORWARD、OUTPUT 这 3 个规则链，nat 包含 PREROUTING、OUTPUT、POSTROUTING 这 3 个规则链，而 mangle 则包含 PREROUTING、INPUT、FORWARD、OUTPUT、POSTROUTING 这 5 个规则链。

6. iptables 数据包传输过程

当一个数据包进入网卡时，它首先匹配 PREROUTING 链，系统会根据数据包的目的地址判断接下来的处理过程。其可能有以下 3 种情况，如图 5-13 所示。

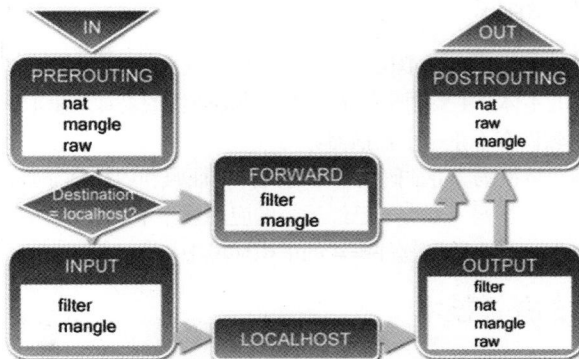

图 5-13　iptables 数据包传输处理过程

（1）从外界到达防火墙的数据包，先被 PREROUTING 规则链处理（是否修改数据包地址等），之后会进行路由选择（判断该数据包应该发往何处），如果数据包的目标主机是防火墙本机（比如 Internet 用户访问防火墙主机中的 web 服务器的数据包），那么内核将其传给 INPUT 链进行处理（决定是否允许通过等），通过以后再交给系统上层的应用程序（比如 Apache/Nginx 服务器）进行响应。

（2）从外界到达防火墙的数据包，首先被 PREROUTING 规则链处理，之后会进行路由选择，如果数据包的目标地址是其他外部地址（比如局域网用户通过网关访问 QQ 站点的数据包），则内核将其传递给 FORWARD 链进行处理（是否转发或拦截），然后再交给 POSTROUTING 规则链（是否修改数据包的地址等）进行处理。

（3）防火墙本机向外部地址发送的数据包（比如在防火墙主机中测试公网 DNS 服务器），首先被 OUTPUT 规则链处理，之后进行路由选择，然后传递给 POSTROUTING 规则链进行处理。

5.2　杀毒软件

进入 21 世纪以来，随着技术的发展，计算机病毒对人们的数据安全威胁越来越大，与之相对应的杀毒工具和技术也得到了长足的发展。

5.2.1　杀毒软件的定义

杀毒软件（Anti-Virus Software）也称反病毒软件或者防毒软件，是用来消除计算机病毒、恶意代码和特洛伊木马等计算机威胁的一类软件。

杀毒软件通常集成监控识别、病毒扫描和清除、自动升级病毒库、主动防御等功能，有的杀毒软件还带有数据恢复等功能，是计算机防御系统（包含杀毒软件、防火墙、特洛伊木马和其他恶意代码的查杀程序和入侵预防系统等）的重要组成部分。

"杀毒软件"是由国内的反病毒软件厂商起的名字，后来由于与世界反病毒业接轨，因此统称其为"反病毒软件""安全防护软件"或"安全软件"。集成防火墙的"互联网安全套装""全功能安全套装"等用于消除计算机病毒、特洛伊木马等恶意代码，也属于杀毒软件范畴。

5.2.2　杀毒软件的基本功能

杀毒软件的基本功能如下。

（1）防范病毒：预防病毒入侵计算机。

（2）查找病毒：扫描计算机运行的程序或文件是否存在病毒，并能够对比病毒库，准确报出病毒的名称。

（3）清除病毒：根据不同类型的病毒对感染对象的修改，按其感染特性进行恢复。

5.2.3　杀毒软件的组成

杀毒软件一般由扫描器、病毒库和虚拟机组成，并且由主程序将它们结为一体。

（1）扫描器是杀毒软件的主体，主要用于扫描病毒。杀毒软件的杀毒效果取决于扫描器编译技术和算法的先进程度，所以多数杀毒软件有不止一个扫描器。

（2）病毒库用来存储病毒特征码。特征码主要分为文件特征码和内存特征码，其中文件特征码一般存于一些未被执行的文件中，内存特征码一般存于已经运行的应用程序中。

（3）虚拟机可以使病毒在一个由杀毒软件搭建的虚拟环境中执行。

5.2.4　杀毒软件的关键技术

杀毒软件的关键技术主要有以下几种。

1. 脱壳技术

脱壳技术是杀毒软件的常用技术，可以对压缩文件、加花文件、加壳文件、封装类文件进行分析。

若用脱壳能力不强的杀毒软件对付"加壳"后病毒，就需要添加两条不同的特征记录。如果黑客换一种加壳工具加壳，则对于这些杀毒软件来说又是一种新的病毒，必须添加新的特征记录才能够查杀。如果杀毒软件的脱壳能力较强，则可以先将病毒文件脱壳，再进行查杀，这样只需要一条记录就可以对这些病毒通杀，不仅可以减少杀毒软件对系统资源的占用，而且极大地提升了其查杀病毒的能力，如图 5-14 所示。

图 5-14　杀毒软件对加壳病毒脱壳

2. 自我保护技术

自我保护技术在各个杀毒软件中都会用到，其可以防止病毒结束杀毒软件进程或篡改杀毒软件文件。进程的自我保护有两种，即单进程自我保护、多进程自我保护。

3. 修复技术

杀毒软件在查杀病毒时一般是把被感染的文件直接删除，这样就可能出现由于误删系统文件而导致系统崩溃无法启动的情况。杀毒软件的修复技术可以对损坏的文件进行修复，如病毒破坏了系统文件，杀毒软件可以修复或下载对应文件。

4. 实时升级技术

实时升级技术最早由金山毒霸提出，计算机每一次连接互联网时，反病毒软件都自动连接升级服务器查询升级信息，如需要则进行升级。目前已有更先进的云查杀技术，该技术实时访问云数据中心进行判断，用户无须频繁升级病毒库即可防御最新病毒。

病毒和杀毒软件就像是矛和盾一样，只不过矛的发展更为迅速，因此杀毒软件的病毒库更新一般滞后于计算机病毒。

5. 主动防御技术

主动防御技术通过动态仿真反病毒专家系统对各种程序动作的自动监视，自动分析程序动作之间的逻辑关系，综合应用病毒识别规则知识，自动判定病毒，达到主动防御的目的。

6. 启发技术

常规所使用的杀毒方法是出现新病毒后由杀毒软件公司的反病毒专家从病毒样本中提取病毒特征，通过定期升级的形式下发到各用户计算机里达到查杀效果。但是这种方法费时费力，于是便有了启发技术，即在原有的特征值识别技术基础上，在不符合特征值比对时，根据反编译后程序代码所调用的 Win32 API 函数情况（如特征组合、出现频率等）判断程序是否为病毒、恶意代码，若符合判断条件则报警提示用户发现可疑程序，达到防御未知病毒、恶意代码的目的，从而解决单一的特征值比对存在的缺陷。

7. 虚拟机技术

杀毒软件中的虚拟机技术是在内存中虚拟一个程序运行环境，将被检测程序放在虚拟环境中执行，根据其行为或释放出的已知病毒特征码来判断是否是病毒程序，从而保护系统安全。

8. 智能技术

人工智能（Artificial Intelligence，AI）算法具备"自学习、自进化"能力，无须频繁升级特征库、分析病毒静态特征和病毒行为就能免疫大部分加壳和变种病毒，不但查杀能力领先，而且从根本上攻克了杀毒引擎"不升级病毒库就杀不了新病毒"的技术难题。

5.2.5　主流杀毒软件

当前杀毒软件众多，主要有卡巴斯基、瑞星、赛门铁克、江民、360 安全卫士、金山毒霸、McAfee（麦咖啡）、诺顿、NOD32、超级巡警等，如图 5-15 所示。

图 5-15　主流杀毒软件

现在市场上有很多的杀毒软件可供选择，有免费的也有收费的，有国产的也有国外的。面对如此多的杀毒软件，该如何选择呢？选择杀毒软件时，可以从杀毒效果、占用资源、杀毒速度、操作界面等几个方面考虑，当然，企业用户和个人用户在选择时又略有不同，应具体情况具体分析。

5.2.6　杀毒软件使用常识

对于杀毒软件的使用，很多人都有一个误区，即认为只要安装了杀毒软件就可以保证自己的计算机不会受到病毒的感染。这种想法其实是错误的，下面具体介绍杀毒软件的使用常识。

（1）杀毒软件不可能查杀所有病毒。

（2）杀毒软件能查到的病毒不一定能杀掉。

（3）一台计算机的每个操作系统下不必同时安装两套或两套以上的杀毒软件，除非有兼容或绿色版，特别是国产杀毒软件几乎不用担心兼容性问题，建议查看不兼容的程序列表。

另外，杀毒软件对被感染的文件有多种杀毒方式，常见的方式如下。

（1）清除：清除文件所感染的网络蠕虫，清除后文件恢复正常。

（2）删除：删除病毒文件。这类文件不是被感染的文件，而是其本身就含病毒，无法清除，可以删除。

（3）禁止访问：禁止访问病毒文件。在杀毒软件发现文件感染病毒后，如果用户选择不处理，杀毒软件就会将感染后的文件设置为禁止访问。当用户再次打开该感染文件时会弹出错误对话框，提示该文件不能访问。

（4）隔离：病毒删除后文件转移到隔离区，用户可以从隔离区找回删除的文件。隔离区的文件不能运行。

（5）不处理：不处理该病毒。如果用户暂时不知道是不是病毒，可以暂时不作处理。

大部分杀毒软件是滞后于计算机病毒的。所以，除了及时更新升级软件版本和定期扫描外，还要注意充实自己的计算机安全和网络安全知识，做到不随意打开陌生的文件或者不安全的网页、不浏览不健康的站点、注意更新自己的密码、配套使用安全助手和个人防火墙等，这样才能更好地维护自己的计算机及网络安全。

本章小结

本章介绍了防火墙的基础知识。读者首先学习了 Windows 防火墙的使用和配置及 Linux 防火墙的配置，对于一些常见端口的控制有了较为深刻的理解；接下来还学习了杀毒软件的一些知识，对杀毒软件的功能、组成、关键技术知识进行了系统学习，对杀毒软件的选择也有了充分了解，为以后的生活和工作奠定了基础。

技能拓展

微课视频

✧ 通过防火墙可限定 IP 访问

（1）打开"控制面板" > "系统和安全" > "Windows 防火墙"，在界面左侧单击"高级设置"，如图 5-2 所示。

（2）右键单击"入站规则"在弹出的快捷菜单中选择"新建规则"命令，如图 5-16 所示。

（3）在"要创建的规则类别"中选择"自定义"，单击"下一步"按钮，这里可以选中"所有程序"或"此程序路径"单选按钮，如图 5-16 所示。选中"所有程序"单选按钮，则表示该规则将应用于所有程序；如果想对单个程序生效，则可选中"此程序路径"单选按钮。本示例选中"所有程序"单选按钮，单击"下一步"按钮。

图 5-16　应用于所有程序

（4）采用默认设置，单击"下一步"按钮，如图 5-17 所示。

图 5-17　默认协议和端口

（5）在"此规则应用于哪些远程 IP 地址？"下选中"下列 IP 地址"单选按钮，单击"添加"按钮，在弹出的"IP 地址"对话框中根据自己的实际需求输入需要过滤的 IP，单击"确定"按钮，再单击"下一步"按钮，如图 5-18 所示。

图 5-18　添加特定 IP

（6）选中"阻止连接"或"允许连接"单选按钮，单击"下一步"按钮，如图 5-19 所示，最后选择作用域和输入规则名称后单击"完成"按钮。

图 5-19　设置连接符合条件时的操作

课后习题

1. Windows 防火墙属于（　　）。
   A. 硬件防火墙　　　　B. 软件防火墙　　　C. 单机防火墙　　　D. 网络防火墙
2. Linux 防火墙的名称是（　　）。
   A. Firewall　　　　　B. Selinux　　　　　C. iptables　　　　　D. WFC
3. iptables 包含 5 条规则链，分别是（　　）。

A.　PREROUTING（路由前）　　　　　B.　INPUT（数据包流入口）

C.　FORWARD（转发关卡）　　　　　D.　OUTPUT（数据包出口）

E.　POSTROUTING（路由后）

4.　iptables 包含 4 个表，分别是（　　　）。

A.　filter　　　　　　B.　nat　　　　　C.　mangle　　　　　D.　raw

5.　以下（　　　）是杀毒软件的组成部分。

A.　扫描器　　　　　B.　病毒库　　　　C.　虚拟机　　　　D.　防火墙

6.　请从下面的品牌中找出哪些是杀毒软件。（　　　）

A.　金山　　　　　　B.　360　　　　　C.　江民　　　　　D.　火绒

7.　杀毒软件的基本功能有（　　　）。

A.　防范病毒　　　　B.　查找病毒　　　C.　清除病毒　　　D.　制造病毒

8.　杀毒软件的关键技术有（　　　）。

A.　脱壳技术　　　B.　自我保护技术　　C.　修复技术　　　D.　实时升级技术

E.　主动防御技术　　F.　启发技术　　　G.　虚拟机技术　　H.　智能技术

第 6 章

防火墙基础

素质拓展

网络安全为人民，网络安全靠人民，维护网络安全是全社会共同的责任，需要政府、企业、社会组织、广大网民共同参与，共筑网络安全防线。

课程导入

小安是某信息科技公司的驻场技术员，由于该公司的网站多次遭到黑客入侵，因此他建议为公司部署一台防火墙来保护公司内部网络的信息安全。防火墙部署好以后，小安通过对防火墙安全策略的配置，很好地解决了公司信息安全方面的各种问题。

相关内容

6.1　防火墙概述

6.1.1　防火墙特征

本章讨论硬件防火墙，其将各种安全技术融合在一起，采用专用的硬件结构，选用高速的 CPU、嵌入式的操作系统，支持各种高速接口（LAN 接口），用来保护私有网络（计算机）的安全。硬件防火墙可以独立于操作系统（HP-UNIX、SunOS、AIX、NT 等）、计算机设备（IBM 6000、普通 PC 等）运行。它用来集中解决网络安全问题，适用于各种场合，同时能够提供高效率的"过滤"。同时，它具有访问控制、身份验证、数据加密、VPN 技术、地址转换等安全特性，用户可以根据自己的网络环境的需要来配置复杂的安全策略，阻止一些非法的访问，从而保证网络安全。

现代的防火墙体系不只是一个"入口的屏障"，而是几个网络的接入控制点，所有进出被防火墙保护的网络的数据流都首先经过防火墙，形成一个信息进出的关口。因此，防火墙不但可以保护私网在 Internet 中的安全，而且可以保护若干主机在一个私网中的安全。在每一个被防火墙分割的网络内部，所有的计算机之间被认为是可信任的，它们之间的通信不受防火墙的干涉；而在各个被防火墙分割的网络之间，必须按照防火墙规定的"策略"进行访问。防火墙特征和部署位置如图 6-1 所示。

图 6-1　防火墙特征和部署位置

6.1.2　按照访问控制方式划分防火墙

在 5.1.2 小节已经介绍了防火墙的分类，本小节重点讲解按照访问控制方式划分的 3 类防火墙。

1. 包过滤防火墙

包过滤是指在网络层对每一个数据包进行检查，根据配置的安全策略转发或丢弃数据包。如图 6-2 所示，包过滤防火墙的工作原理是：通过配置访问控制列表（Access Control List，ACL）实施数据包的过滤，其主要基于数据包中的源/目的 IP 地址、源/目的端口号、IP 标识和报文传递的方向等信息。

图 6-2 包过滤防火墙的工作原理

（1）包过滤防火墙的优点主要是设计简单，非常易于实现，且价格便宜。

（2）包过滤防火墙的缺点如下。

① 随着 ACL 复杂度和长度的增加，其过滤性能呈指数下降趋势。

② 静态的 ACL 规则难以适应动态的安全要求。

③ 包过滤不检查会话状态也不分析数据，这很容易让黑客蒙混过关。例如，攻击者可以使用假冒地址进行欺骗，通过把自己的主机 IP 地址设成一个合法主机 IP 地址，就能很轻易地通过报文过滤器。

另外，在多通道协议（如 FTP）中，FTP 在控制通道协商的基础上，生成动态的数据通道端口，之后的数据交互主要在数据通道上进行。

2. 代理防火墙

代理服务作用于网络的应用层，其实质是把内部网络和外部网络用户之间直接进行的业务由代理防火墙接管，代理防火墙检查来自用户的请求。用户通过安全策略检查后，代理防火墙将代表外部用户与真正的服务器建立连接，转发外部用户请求，并将真正的服务器返回的响应回送给外部用户，如图 6-3 所示。

图 6-3 代理防火墙的工作原理

（1）代理防火墙的优点是能够完全控制网络信息的交换，控制会话过程，具有较高的安全性。

（2）代理防火墙的缺点如下。

① 软件实现限制了处理速度，易遭受拒绝服务攻击。

② 需要针对每一种协议开发应用层代理，开发周期长，且升级困难。

3. 状态检测防火墙

状态检测是包过滤技术的扩展，基于连接状态的包过滤在进行数据包的检查时，不但将每个数据包看成独立单元，而且考虑了前后报文的历史关联性。所有基于可靠连接的数据流（基于 TCP 的数据流）的建立都需要经过"客户端同步请求""服务器应答""客户端再应答"3 个过程（"三次握手"过程），这说明每个数据包都不是独立存在的，而是前后有着密切的状态联系。状态检测防火墙会话控制如图 6-4 所示，基于这种状态联系，从而发展出状态检测技术。

图 6-4　状态检测防火墙会话控制

（1）基本原理。

状态检测防火墙使用各种会话表追踪激活的 TCP 会话和 UDP 伪会话，由 ACL 决定建立哪些会话，数据包只有与会话相关联时才会被转发。其中，UDP 伪会话在处理 UDP 包时为该 UDP 数据流建立虚拟连接（UDP 是面对无连接的协议），以对 UDP 连接过程进行状态监控的会话。

状态检测防火墙在网络层截获数据包，然后从各应用层提取出安全策略所需要的状态信息，并保存到会话表中，通过分析这些会话表和与该数据包有关的后续连接请求来做出恰当决定。

（2）状态检测防火墙的优点。

① 后续数据包处理性能优异：状态检测防火墙对数据包进行 ACL 检查的同时，可以将数据流连接状态记录下来，该数据流中的后续包则无须再进行 ACL 检查，只需根据会话表对新收到的报文进行连接记录检查即可。检查通过后，该连接状态记录将被刷新，从而避免重复检查具有相同连接状态的数据包。连接会话表里的记录可以随意排列，与记录固定排列的 ACL 不同，状态检测防火墙可采用二叉树或散列（Hash）等算法进行快速搜索，从而提高了系统的传输效率。

② 安全性较高：连接状态清单是动态管理的。会话完成后，防火墙上所创建的临时返回报文入口随即关闭，保障了内部网络的实时安全。同时，状态检测防火墙采用实时连接状态监控技术，通过在会话表中识别应答响应等连接状态因素，从而增强了系统的安全性。

6.1.3　防火墙组网方式

1. 桥模式

桥模式中，防火墙只能进行报文转发，不能进行路由寻址，与防火墙相连的两个业务网络必须在同一个网段中。此时防火墙上下行接口均工作在第二层，接口无 IP 地址。

此组网方式可以避免改变拓扑结构造成的麻烦，只需在网络中像放置网桥（Bridge）一样串入防火墙即可，无须修改任何已有的配置。IP 报文同样会经过相关的过滤检查，私网用户依旧受到防火墙的保护。

2. 路由模式

路由模式中，防火墙位于私网和公网之间，与私网、公网相连的上下行业务接口均工作在第三层，需要分别配置成不同网段的 IP 地址。防火墙负责在私网、公网中进行路由寻址，相当于路由器。

此组网方式可支持更多的安全特性，如网络地址转换（Network Address Translation，NAT）、UTM，但需要修改原网络拓扑，如私网用户需要更改网关或路由器需要更改路由配置等。因此，作为设计人员，需综合考虑网络改造、业务中断等因素。

6.2 防火墙转发原理

6.2.1 包过滤技术

包过滤作为一种网络安全保护机制，主要用于对网络中各种不同的流量是否转发进行最基本的控制，如图6-5所示。

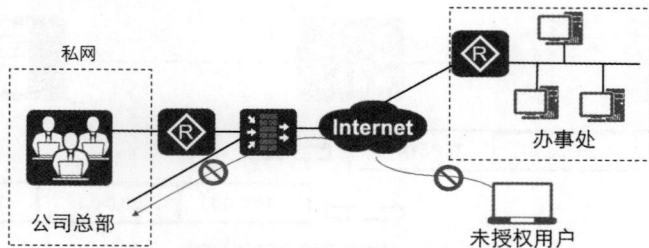

图6-5 包过滤防火墙禁止未授权用户访问

对于需要转发的报文，传统的包过滤防火墙会先获取报文头信息，包括报文的源IP地址、目的IP地址、IP层所承载的上层协议的协议号、源端口号和目的端口号等；然后与预先设定的过滤规则进行匹配，并根据匹配结果对报文采取转发或丢弃处理。

包过滤防火墙的转发机制是逐包匹配包过滤规则并检查，所以转发效率低。目前防火墙基本使用状态检查机制，即只对一个连接的"首包"进行包过滤检查，如果"首包"能够通过包过滤规则的检查，并建立会话，后续报文就不再继续通过包过滤机制检测，而是直接通过会话表进行转发。

包过滤能够通过报文的源MAC地址、目的MAC地址、源IP地址、目的IP地址、源端口、目的端口、协议号等信息组合定义网络中的数据流。其中，源IP地址、目的IP地址、源端口、目的端口、协议号就是在状态检测防火墙中经常提到的五元组，即组成TCP/UDP连接非常重要的5个元素，如图6-6所示。

图6-6 TCP/UDP连接组成（五元组）

6.2.2 防火墙安全策略

1. 安全策略定义

安全策略是按一定规则控制设备对流量进行转发和内容安全一体化的策略，其本质是包过滤，主要应用于对跨防火墙的网络互访进行控制和对设备本身的访问进行控制。

防火墙的基本作用是保护特定网络免受非信任的网络的攻击,但同时必须允许两个网络之间可以进行合法的通信。安全策略的作用就是对通过防火墙的数据流进行检验,只有符合安全策略的合法数据流才能通过防火墙,如允许安全用户访问企业内网、禁止黑客访问等,如图 6-7 所示。

图 6-7 防火墙对不同流量进行控制

通过防火墙安全策略可以控制私网访问公网的权限、控制私网不同安全级别的子网间的访问权限等;同时,也能够对设备本身的访问进行控制,如限制哪些 IP 地址可以通过 Telnet 和 Web 等方式登录设备,控制网管服务器、NTP 服务器等与设备的互访等。

2. 安全策略原理

防火墙安全策略定义了数据流经过防火墙的处理规则,防火墙根据规则对数据流进行处理。因此,防火墙安全策略的核心作用是根据定义的规则对经过防火墙的流量进行筛选,由关键字确定筛选出的流量如何进行下一步操作。

在防火墙应用中,防火墙安全策略是对经过防火墙的数据流进行网络安全访问的基本手段,决定了后续的应用数据流是否被处理。NGFW 会对收到的流量进行检测,检测出流量的属性,包括源安全区域、目的安全区域、源地址/地区、目的地址/地区、用户、服务(源端口、目的端口、协议类型)、应用和时间段,如图 6-8 所示。

图 6-8 防火墙安全策略访问控制

3. 安全策略分类

根据防火墙安全策略作用位置的不同,安全策略可以分为域间安全策略、域内安全策略和接口包过滤 3 种类别,如图 6-9 所示。

图 6-9　防火墙安全策略分类

6.2.3　防火墙的转发机制

防火墙的转发是一个复杂的过程，下面以域间转发为例进行讲述。

早期包过滤防火墙采取的是"逐包检测"机制，即每次都对设备收到的所有报文根据包过滤规则进行检查，以决定是否对该报文放行。这种机制严重影响了设备转发效率，使包过滤防火墙成为网络中的转发瓶颈，于是越来越多的防火墙产品采用了状态检测机制来进行包过滤。状态检测机制以流量为单位对报文进行检测和转发，即对一条流量的第一个报文进行包过滤规则检查，并将判断结果作为该条流量的"状态"记录下来。该流量的后续报文都直接根据这个"状态"来判断是转发（或进行内容安全检测）还是丢弃。这个"状态"就是会话表项，如图 6-10 所示。这种机制迅速提升了防火墙产品的检测速率和转发效率，已经成为目前主流的包过滤机制。

图 6-10　状态检测机制

6.2.4　防火墙的查询和创建会话

从图 6-11 中可以看出，已经存在会话表的报文的检测过程比没有会话表的报文要短很多。通常情况下，一条连接的首包通过检测并建立会话后，该条连接的绝大部分报文不再需要重新检测，这就是状态检测防火墙的状态检测机制相对于包过滤防火墙的逐包检测机制的改进之处。这种改进使状态检测防火墙在检测和转发效率上都得以迅速提升。

图 6-11　防火墙会话处理流程

状态检测机制开启状态下，只有首包通过设备才能建立会话表项，后续包直接匹配会话表项进行转发；状态检测机制关闭状态下，即使首包没有经过设备，后续包只要通过设备也可以生成会话表项。

1. 会话表概述

防火墙一般检查 IP 报文中的 5 个元素（五元组），即源 IP 地址和目的 IP 地址、源端口号和目的端口号、协议类型。通过判断某 IP 数据报文的五元组，就可以判断一条数据流中与其相同的 IP 数据报文。NGFW 除了检测五元组外，还会检测报文的用户、应用和时间段等。

会话是状态检测防火墙的基础，每一个通过防火墙的数据流都会在防火墙上建立一个会话表项，以五元组为 Key 值，通过建立动态的会话表使域间转发数据流具有更高的安全性。

TCP 的数据报文在三次握手阶段除了基于五元组外，一般还会计算及检查其他字段。三次握手建立成功后，就通过会话表中的五元组对设备收到的后续报文进行匹配检测，以确定是否允许此报文通过。

NGFW 在五元组基础上增加了用户、应用字段，扩展为七元组，如图 6-12 所示。

客户端➔服务器

源IP地址	源端口	目的IP地址	目的端口	协议	用户	应用
192.168.1.1	20000	1.1.1.1	23	TCP	abc	Telnet

服务器➔客户端

源IP地址	源端口	目的IP地址	目的端口	协议	用户	应用
1.1.1.1	23	192.168.1.1	20000	TCP	abc	Telnet

会话：TCP 192.168.1.1:20000 ➔ 1.1.1.1:23

图 6-12　防火墙的会话表项（七元组）

2. 查看会话表信息

（1）display firewall session table 命令：用于显示会话表简要信息，示例如下。

```
<sysname> display firewall session table
Current Total Sessions : 2
  telnet VPN:public --> public 192.168.3.1:2855-->192.168.3.2:23
  http VPN:public --> public 192.168.3.8:2559-->192.168.3.200:80
```

上述示例中的重要字段说明如下。

① Current Total Sessions：当前会话表数统计。

② telnet/http：协议名称。

③ VPN:public --> public：VPN 实例名称，表示方式为源方向-->目的方向。

④ 192.168.3.1:2855 --> 192.168.3.2:23：会话表地址和端口信息。

（2）display firewall session table verbose 命令：用于显示会话表详细信息，示例如下。

```
<sysname> display firewall session table verbose
Current Total Sessions : 1
  http VPN:public --> public ID: a48f3648905d02c0553591da1
  Zone: trust--> local TTL: 00:20:00 Left: 00:19:56
  Output-interface: InLoopBack0 NextHop: 127.0.0.1 MAC: 00-00-00-00-00-00
  <--packets:3073 bytes:3251431 -->packets:2881 bytes:705651
  128.18.196.4:1864-->128.18.196.251:80 PolicyName: test
```

上述示例中的重要字段说明如下。

① Current Total Sessions：当前会话表数统计。

② http：协议名称。

③ VPN:public --> public：VPN 实例名称，表示方式为源方向-->目的方向。

④ ID：当前会话 ID。

⑤ Zone:trust --> local：会话的安全区域，表示方式为源安全区域-->目的安全区域。

⑥ TTL：该会话表项总的生存时间（Time To Live）。

⑦ Left：该会话表项剩余生存时间。

⑧ Output-interface：出接口。

⑨ NextHop：下一跳 IP 地址。

⑩ MAC：下一跳 MAC 地址。

⑪ <--packets:3073 bytes:3251431：该会话入方向的报文数（包括分片）和字节数统计。

⑫ -->packets:2881 bytes:705651：该会话出方向的报文数（包括分片）和字节数统计。

⑬ PolicyName：报文匹配的策略名称。

6.3　防火墙安全策略的工作流程及配置流程

微课视频

6.3.1　安全策略的工作流程

1. 安全策略业务流程

当流量通过 NGFW 时，NGFW 会对收到的流量进行检测，包括源安全区域、目的安全区域、源地址/地区、目的地址/地区、用户、服务（源端口、目的端口、协议类型）、应用和时间段。安全策略对流量的处理流程如图 6-13 所示。

图 6-13　安全策略对流量的处理流程

2. 安全策略匹配原则

NGFW 将流量的属性与安全策略的条件进行匹配，如果所有条件都匹配，则此流量成功匹配安全策略；如果其中有一个条件不匹配，则继续匹配下一条安全策略。依此类推，如果所有安全策略都不匹配，则 NGFW 会执行默认安全策略的动作（默认为"禁止"）。

如果流量成功匹配一条安全策略，NGFW 将会执行此安全策略的动作。如果动作为"禁止"，则 NGFW 会阻断此流量；如果动作为"允许"，则 NGFW 会判断安全策略是否引用了安全配置文件。如果引用了安全配置文件，则执行安全策略的动作；如果没有引用安全配置文件，则允许此流量通过。

如果安全策略的动作为"允许"且引用了安全配置文件，则 NGFW 会对流量进行内容安全的一体化检测。一体化检测是指根据安全配置文件的条件对流量的内容进行一次检测，根据检测结果执行安全配置文件的动作。如果其中一个安全配置文件阻断此流量，则 NGFW 阻断此流量；如果所有的安全配置文件都允许此流量转发，则 NGFW 允许此流量转发，如图 6-14 所示。

图 6-14　安全策略匹配原则

3. NGFW 的安全策略优势

与传统防火墙安全策略相比，NGFW 的安全策略通过对七元组的全部或部分进行控制，从而更好地对流量进行管理，如图 6–15 所示。

图 6–15 NGFW 的安全策略控制

（1）能够通过"用户"区分不同部门的员工，使网络的管理更加灵活。

（2）能够有效区分协议（如 HTTP）承载的不同应用（如网页即时通信、网页游戏等），使网络的管理更加精细。

（3）能够通过安全策略实现内容安全检测，阻断病毒、黑客等的入侵，从而更好地保护内部网络。

6.3.2 安全策略的配置流程

安全策略的配置流程如图 6–16 所示。

图 6–16 安全策略的配置流程

（1）管理员应明确需要划分哪几个安全区域、接口如何连接，以及分别加入哪些安全区域。

（2）管理员选择根据"源地址"或"用户"来区分企业员工。

（3）先确定每个用户组的权限，再确定特殊用户的权限，具体包括用户所处的源安全区域和地址、用户需要访问的目的安全区域和地址、用户能够使用哪些服务和应用、用户的网络访问权限在哪些时间段生效等。如果想允许某种网络访问，则应配置安全策略的动作为"允许"；如果想禁止某种网络访问，则应配置安全策略的动作为"禁止"。

（4）确定对哪些通过防火墙的流量进行内容安全检测，以及进行哪些内容的安全检测。

（5）将以上步骤规划出的安全策略的参数一一列出，并将所有安全策略按照先精确（条件细化的、特殊的策略）再宽泛（条件为大范围的策略）的顺序排序。在配置安全策略时，需要按照此顺序进行配置。

6.3.3　CLI 模式下安全策略配置

安全策略配置可以在命令行界面（Command Line Interface，CLI）模式下进行。在一个安全策略视图下可以为不同的流量创建不同的规则。默认情况下，先配置的策略其优先级越高，可先匹配报文。一旦匹配到一条规则，就直接按照该规则的定义处理报文，不再继续往下匹配。各规则之间的优先级关系可以通过命令 rule move rule-name1 { after | before } rule-name2 进行调整。

配置安全策略规则的源安全区域和目的安全区域必须为系统已经存在的安全区域名称。安全策略规则一次最多添加或删除 6 个安全区域。

配置安全策略的基本命令如图 6-17 所示。

- **进入安全策略视图**
  security-policy
- **创建安全策略规则，并进入安全策略规则视图**
  rule name *rule-name*
- **配置安全策略规则的源安全区域和目的安全区域**
  source-zone { *zone-name* &<1-6> | **any** }
  destination-zone { *zone-name* &<1-6> | **any** }
- **配置安全策略规则的源地址和目的地址（可选）**
  source-address { **address-set** *address-set-name* &<1-6> | **ipv4-address** { *ipv4-mask-length* | **mask** *mask-address* | **wildcard** } | **ipv6-address** *ipv6-prefix-length* | **range** { *ipv4-start-address ipv4-end-address* | *ipv6-start-address ipv6-end-address* } | **geo-location** *geo-location-name* &<1-6> | **geo-location-set** *geo-location-set-name* &<1-6> | **mac-address** &<1-6> | **any** }
  destination-address { **address-set** *address-set-name* &<1-6> | **ipv4-address** { *ipv4-mask-length* | **mask** *mask-address* | **wildcard** } | **ipv6-address** *ipv6-prefix-length* | **range** { *ipv4-start-address ipv4-end-address* | *ipv6-start-address ipv6-end-address* } | **geo-location** *geo-location-name* &<1-6> | **geo-location-set** *geo-location-set-name* &<1-6> | **mac-address** &<1-6> | **any** }

图 6-17　配置安全策略的基本命令

1.相关参数说明

（1）address-set-name：地址或地址组的名称。一次最多添加或删除 6 个地址（组）。

（2）ipv4-address：IPv4 地址，为点分十进制格式。

（3）ipv4-mask-length：IPv4 地址的掩码，为整数形式，取值范围为 1~32。

（4）mask：IPv4 地址的掩码，为点分十进制格式，如 mask 255.255.255.0 表示掩码长度为 24。

（5）wildcard：IPv4 地址的反掩码。

（6）range：地址范围。

（7）geo-location-name：预定义地区名称或已经创建的自定义地区名称。一次最多添加或删除 6 个地区。

（8）mac-address：MAC 地址，格式为 H-H-H，其中 H 为 4 位的十六进制数。一次最多添加或删除 6 个 MAC 地址。

（9）any：任意地址。

2. 配置源地址和目的地址命令举例

```
[sysname-policy-security-rule-policy_sec] source-address 1.1.1.1 24
[sysname-policy-security-rule-policy_sec] source-address 192.168.0.1 0.0.0.255
[sysname-policy-security-rule-policy_sec] source-address geo-location BeiJing
[sysname-policy-security-rule-policy_sec] source-address address-set ip_deny
[sysname-policy-security-rule-policy_sec] source-address range 192.168.2.1 192.168.2.10
[sysname-policy-security-rule-policy_sec] source-address any
```

3. 安全策略引用服务（组）

安全策略引用的服务（组）既可以是自定义服务（组），也可以是预定义服务。自定义服务（组）使用命令 ip service-set 配置；预定义服务是系统预先定义的，可以使用命令 display predefined-service 查看预定义服务的详细信息。

为简化配置和维护，防火墙支持引用地址集和服务集。引用地址集和服务集除了可以提升配置和维护效率外，还可使规则项更具可读性。通过源/目的 IP 地址对流量进行控制时，可以将连续或不连续的地址加入地址集，并在策略或规则中引用。通过流量的服务类型（端口或协议类型）对流量进行控制时，可以使用预定义的知名服务集，也可以根据端口等信息创建自定义服务集，并在策略或规则中引用。预定义服务集是系统默认已经存在可以直接选择的服务类型。预定义服务通常都是知名协议，如 HTTP、FTP、Telnet 协议等。自定义服务集是管理员通过指定端口号等信息自行定义的协议类型，也可以是各类服务集的组合，如图 6-18 所示。

- 配置安全策略规则的用户（可选）
  user { *user-name* &<1-6> | any }
- 指定安全策略规则的协议类型（可选）
  service protocol { { 17 | udp } | { 6 | tcp } } [source-port { *source-port* | *start-source-port* to *end-source-port* } &<1-64> | destination-port { *destination-port* | *start-destination-port* to *end-destination-port* } &<1-64>] *
- 配置安全策略规则的服务（可选）
  service { *service-name* &<1-6> | any }
- 配置安全策略规则引用的安全配置文件（可选）
  profile { app-control | av | data-filter | file-block | ips | mail-filter | url-filter } *name*

Address-set地址集
ip address-set guest type object **address 0 192.168.12.0 0.0.0.15** **address 1 192.168.15.0 0.0.0.63** **address 2 192.168.30.0 0.0.0.127**

Service-set服务集
ip service-set Internet type object **service protocol tcp destination-port 80** **service protocol tcp destination-port 8080** **service protocol tcp destination-port 8443**

图 6-18　自定义服务集

地址集和服务集支持两种 type，即 object 和 group。当 type 为 group 时，可以添加地址集或服务集作为成员，相关参数说明如下。

（1）app-control：应用控制配置文件。

（2）av：反病毒配置文件。

（3）data-filter：内容过滤配置文件。

（4）file-block：文件过滤配置文件。

（5）ips：入侵防御配置文件。

（6）mail-filter：邮件过滤配置文件。

（7）url-filter：URL 过滤配置文件。

4. 基于时间段的 ACL

如果需要对某一时间内发生的流量进行匹配和控制，可使用基于时间段的 ACL。如图 6-19 所示，比较常见的应用是按照时间段开放或禁止某些服务，例如非上班时间不允许访问服务器、上班时间局域网的某些用户不能访问 Internet 等。针对这种特殊应用，前面所介绍的各种 ACL 类型都无法满足要求，而基于时间段的 ACL 则可以精确地限定某个 ACL 的生效时间, 从而解决了 ACL 在时间上 "一刀切" 的问题。

图 6-19　基于时间段的 ACL

在定义时间段 ACL 前, 首先要在防火墙上定义一个时间段。

(1) 规则动作。

① permit: 表示允许匹配该规则的流量通过。

② deny: 表示禁止匹配该规则的流量通过。

③ time-range: 时间范围操作符, 用于时间段配置。支持两种表现方式: 一种是绝对时间段, 即起止日期的时间段; 另一种是周期时间段, 即星期方式的时间段。

(2) 配置命令。

① 创建时间段, 并进入时间段视图:

time-range time-range-name

② 设置绝对时间段:

absolute-range start-time start-date [to end-time end-date]

③ 设置周期时间段:

period-range start-time to end-time <1-7>

时间参数及含义如表 6-1 所示。

表 6-1　时间参数及含义

操作符及语法	意义
HH:MM:SS	某个时间
YYYY/MM/DD	某个日期
Mon/Tue/Web/Thu/Fri/Sat/Sun	星期一/二/三/四/五/六/日
daily	一周中的每天
off-day	休息日
working-day	工作日

(3) 配置举例。

① 周期时间段:

```
[sysname] time-range test
[sysname-time-range-test] period-range 8:00:00 to 18:00:00 working-day
```

② 绝对时间段：

```
[sysname] time-range test
[sysname-time-range-test] absolute-range 8:00:00 2013/05/01 to 10:00:00 2013/08/01
```

6.3.4　Web 模式下安全策略和安全区域配置

1. 安全策略配置

一般来说，安全策略主要包含的配置内容如图 6-20 所示。

图 6-20　安全策略主要包含的配置内容

（1）策略匹配条件：源安全区域、目的安全区域、源地址/地区、目的地址/地区、服务、应用、时间段。

（2）策略动作：允许、禁止。

（3）内容安全（可选）：反病毒、入侵防御、URL 过滤、文件过滤、内容过滤、应用行为控制、邮件过滤。

设备能够识别出流量的属性，并将流量的属性与安全策略的条件进行匹配。如果所有条件都匹配，则此流量成功匹配安全策略。流量匹配安全策略后，设备将会执行安全策略的动作。

如果动作为"允许"，则对流量进行内容安全检测。如果内容安全检测也通过，则允许流量通过；如果内容安全检测没有通过，则禁止流量通过。

如果动作为"禁止"，则禁止流量通过。

2. 安全区域配置

系统默认已经创建了 4 个安全区域，如图 6-21 所示。其中，local 表示本地，即设备本身；trust 表示信任区域；untrust 表示非信任区域；dmz 表示隔离区域。如果用户还需要划分更多的安全等级，可以自行创建新的安全区域并定义其安全级别。

图 6-21　默认安全区域

新建安全区域的步骤如下。

（1）选择"网络">"安全区域"。

（2）单击"新建"按钮。

（3）配置安全区域的参数，如图 6-22 所示。

图 6-22　新建安全区域

3. 地址和地址组配置

在数据通信中，地址是 IPv4/IPv6 地址或 MAC 地址的集合，地址组是地址的集合。地址组包含一个或若干个 IPv4/IPv6 地址或 MAC 地址，其类似于一个基础组件，只需要定义一次，就可以被各种策略（如安全策略、NAT 策略）多次引用。

通过 Web 界面配置地址和地址组的步骤如下。

（1）选择"对象">"地址">"地址"（或"地址组"）。

（2）单击"新建"按钮，配置地址（或地址组）的各项参数，如图 6-23（或图 6-24）所示。

（3）单击"确定"按钮，可以在界面上看到新建的地址（或地址组）。

图 6-23　新建地址

图6-24　新建地址组

4. 地区和地区组配置

在NGFW中，"地区"以物理地区为单位进行划分，每个"地区"都是当前物理地区的公网IP地址集合，防火墙默认地区如图6-25所示。为了方便扩展和复用，设备还支持配置地区组。地区组中可以包含多个地区、嵌套的地区组，配置灵活。

图6-25　防火墙默认地区

通过Web界面配置地区和地区组的步骤如下。

（1）选择"对象" > "地区" > "地区"（或"地区组"）。

（2）单击"新建"按钮，配置自定义地区（或地区组）参数，单击"确定"按钮。图6-26所示为新建地区组。

图 6-26 新建地区组

5. 服务和服务组配置

服务是通过协议类型和端口号来确定的应用协议类型,默认服务列表如图 6-27 所示;服务组是服务(含服务组)的集合。

图 6-27 默认服务列表

在 NGFW 中,服务可以分为以下两种。

(1)预定义服务:系统默认已经存在、可以直接选择的服务类型。预定义服务通常是知名协议,如 HTTP、FTP、Telnet 协议等。预定义服务不能被删除。

(2)自定义服务:通过指定协议类型(如 TCP、UDP 或 ICMP)和端口号等信息定义的一些应用协议类型。

通过 Web 界面配置服务和服务组的步骤如下。

(1)选择"对象">"服务">"服务"(或"服务组")。

(2)单击"新建"按钮,配置自定义服务(或服务组)各项参数,单击"确定"按钮。图 6-28 所示为新建服务组。

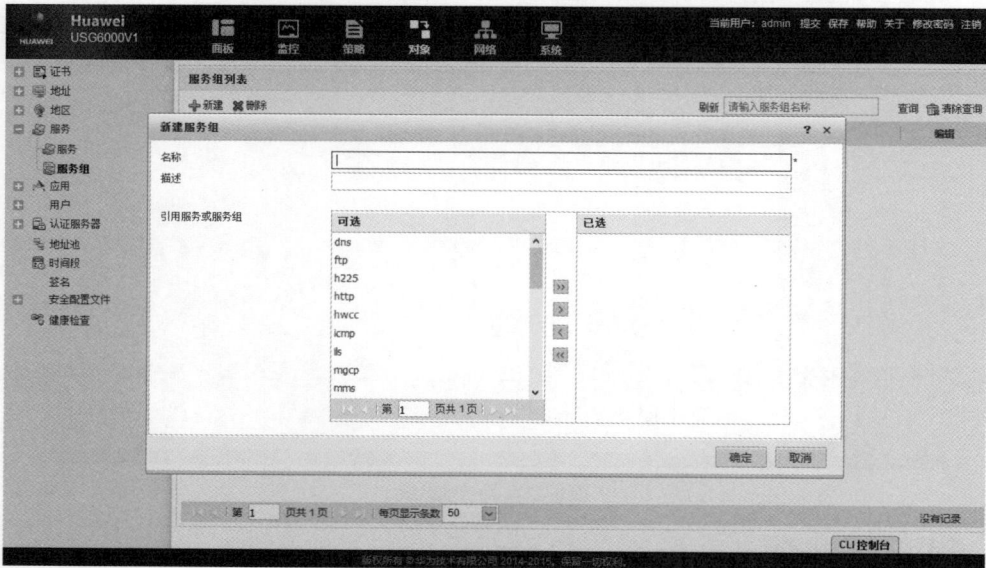

图6-28 新建服务组

6. 应用和应用组配置

应用是指用来执行某一特殊任务或用途的计算机程序，默认应用列表如图6-29所示；应用组是指多个应用的集合。

图6-29 默认应用列表

通过Web界面配置应用和应用组的步骤如下。

（1）选择"对象">"应用">"应用"（或"应用组"）。

（2）单击"新建"按钮，配置自定义应用（或应用组）各项参数，单击"确定"按钮。图6-30所示为新建应用组。

图 6-30 新建应用组

7. 时间段配置

时间段定义了时间范围，定义好的时间段被策略引用后，可以对某一时间段内流经 NGFW 的流量进行匹配和控制。通过 Web 界面配置时间段的步骤如下。

（1）选择"对象"＞"时间段"，单击"新建"按钮。

（2）在"名称"中输入时间段列表的名称，如图 6-31 所示。

（3）创建时间段成员，单击"确定"按钮。

图 6-31 新建时间段

8. 安全策略配置

在安全策略中可以引用已经创建好的对象。通过 Web 界面配置安全策略的步骤如下。

（1）选择"策略">"安全策略">"安全策略"。

（2）单击"新建"按钮，弹出"新建安全策略"对话框，如图 6-32 所示。

（3）配置安全策略规则的名称和描述。

（4）配置安全策略规则的匹配条件。

（5）配置安全策略规则的动作。

（6）配置安全策略引用内容安全的配置文件，单击"确定"按钮。

图 6-32　新建安全策略

6.4　ASPF 技术

微课视频

6.4.1　ASPF 概述

应用层报文过滤（Application Specific Packet Filter，ASPF）是一种高级通信过滤技术，它负责检查应用层协议信息并且监控连接的应用层协议状态。对于特定应用协议的所有连接，每一个连接状态信息都将被 ASPF 监控并动态决定数据包是否被允许通过防火墙或丢弃。

ASPF 在会话（Session）表的数据结构中维护着连接的状态信息，并利用这些信息维护会话的访问规则。ASPF 保存着不能由 ACL 规则保存的重要状态信息。防火墙检验数据流中的每一个报文，确保报文的状态与报文本身符合用户所定义的安全规则。连接状态信息用于允许/禁止报文。当一个会话终止时，Session 表项也将被删除，防火墙中的会话也将被关闭，如图 6-33 所示。

图 6-33　ASPF 工作过程

ASPF 可以智能地检测"TCP 的三次握手信息"和"拆除连接的握手信息"，通过检测握手、拆除连接的状态，保证完整的 TCP 访问可以正常进行，而对于非完整的 TCP 访问会直接被拒绝。

由于 UDP 是无连接的报文，因此其没有真正的 UDP "连接"。但 ASPF 是基于连接的，它将对 UDP 报文的源 IP 地址、目的 IP 地址、端口进行检查，通过判断该报文是否与所设定的时间段内的其他 UDP 报文相类似，判断是否存在一个连接。

在普通场合一般使用的是基于 ACL 的 IP 包过滤技术，这种技术比较简单，但缺乏一定的灵活性，在很多复杂应用的场合普通包过滤是无法完成对网络的安全保护的。例如，对于类似于应用 FTP 进行通信的多通道协议来说，配置防火墙是非常困难的。

ASPF 使防火墙能够支持一个控制连接上存在多个数据连接的协议，同时还可以在应用非常复杂的情况下方便地制定各种安全策略。ASPF 监听每一个应用的每一个连接所使用的端口，打开合适的通道让会话中的数据能够出入防火墙，在会话结束时关闭该通道，从而能够对使用动态端口的应用实施有效的访问控制。

6.4.2　多通道协议技术

在数据通信中，通道协议分为以下两种。

（1）单通道协议：通信过程中只需占用一个端口的协议。例如，HTTP 只需占用 80 端口。

（2）多通道协议：通信过程中需占用两个或两个以上端口的协议。例如，FTP 被动模式下需占用 21 端口和一个随机端口。

大部分多媒体应用协议［如 H.323 协议、会话起始协议（Session Initiation Protocol, SIP）、FTP、NetMeeting 协议等］使用约定的固定端口来初始化一个控制连接，再动态地选择端口用于数据传输。端口的选择是不可预测的，其中的某些应用甚至可能要同时用到多个端口。传统的包过滤防火墙可以通过配置 ACL 过滤规则匹配单通道协议的应用传输，保障内部网络不受攻击，但此方法只能阻止一些使用固定端口的应用，无法匹配使用随机端口传输数据的多通道协议的应用，因此留下了许多安全隐患。

6.4.3　ASPF 对多通道协议的支持

在多通道协议（如 FTP）中，控制通道和数据通道是分开的。数据通道是在控制报文中动态协商出来的，为了避免协商出来的通道不因其他规则的限制（如 ACL）而中断，需要临时开启一个通道，Server Map 表就是为了满足这种应用而设计的一种数据结构。

FTP 包含一个预知端口的 TCP 控制通道和一个动态协商的 TCP 数据通道，对于一般的包过滤防火墙来说，配置安全策略时无法预知数据通道的端口号，因此无法确定数据通道的入口，这样就无法配置准确的安全策略。ASPF 技术则解决了这一问题，它检测应用层报文信息，并动态地根据报文内容创建和删除临时的 Server Map 表项，以允许相关的报文通过，如图 6-34 所示。

图 6-34　ASPF 针对 FTP 包过滤

Server Map 表项是在 FTP 控制通道的动态检测过程中动态产生的，当报文通过防火墙时，ASPF 将报文与指定的访问规则进行比较，如果规则允许，报文将接受检查，否则报文直接被丢弃。如果该报文用于打开一个新的控制或数据连接，ASPF 将动态地产生 Server Map 表项，只有返回报文属于一个已经存在的有效连接时才会被允许通过防火墙。在处理返回的报文时，状态表也需要更新。当一个连接被关闭或超时后，该连接对应的状态表将被删除，从而确保未经授权的报文不能随便通过防火墙。因此，ASPF 技术在应用复杂的情况下依然可以非常精确地保证网络的安全。

Server Map 表是一种映射关系，当数据连接匹配了动态 Server Map 表项时，不需要再查找包过滤策略，保证了某些特殊应用的正常转发；当数据连接匹配 Server Map 表时，会对报文中的 IP 和端口进行转换。Server Map 表通常只检查首个报文，通道建立后的报文还是根据会话表来转发。

6.4.4　Server Map 表项

NGFW 上生成 Server Map 表项共有如下几种情况，如图 6–35 所示。

图 6–35　Server Map 的产生分类

（1）配置 ASPF 后，转发 FTP、实时流传输协议（Real Time Streaming Protocol，RTSP）等多通道协议时生成的 Server Map 表项。多通道协议中，由客户端和服务器之间的控制通道动态协商出数据通道，即通信双方的端口号是不固定的。而在配置 ASPF 后，设备检测到控制通道协商的数据通道，根据关键报文载荷中的地址信息动态创建 Server Map 表项，用于数据通道发起连接时进行查找。该 Server Map 表项包含了多通道协议报文中协商的数据通道的信息。

（2）配置 ASPF 后，转发 QQ/MSN 协议、简单文件传输协议（Trivial File Transfer Protocol，TFTP）等 NAT 会话穿越应用程序（Session Traversal Utilities for NAT，STUN）类型协议时生成的三元组 Server Map 表项。STUN 类型协议中，用户登录之后，用户的 IP 地址和端口就会固定下来，可是向该用户发起对话的另一方的 IP 地址和端口号是不固定的。通过配置 STUN 类型的 ASPF，当 QQ/MSN 等用户连接服务器时，设备会记录用户的 IP 地址和端口号信息，并动态生成 STUN 类型的 Server Map 表项。该 Server Map 表项中仅包含三元组信息，即通信一方的 IP 地址、端口号和协议号，这样其他用户可以直接通过该 IP 和端口号与该用户进行通信。

（3）配置 NAT 服务器映射时生成的静态 Server Map 表项。在使用 NAT Server 功能时，公网用户向私网内部服务器主动发起访问请求，该用户的 IP 地址和端口号都是不确定的，唯一可以确定的是内部服务器的 IP 地址和所提供服务的端口号。所以，在成功配置 NAT Server 后，设备会自动生成 Server Map 表项，用于存放公网 IP 地址与私网 IP 地址的映射关系。设备根据这种映射关系对报文的地址进行转换并转发。每个生效的 NAT Server 都会生成正反方向两个静态的 Server Map。在服务负载均衡（Server Load Balance，SLB）功能中，由于需要将私网内部多个服务器以同一个 IP 地址对外发布，因此也会建立与 NAT Server 类似的 Server Map 表项，只不过根据内部服务器的个数需要建立 1 个正向表项和 N 个反向表项。

（4）配置 NAT No–PAT 时生成的动态 Server Map 表项。在使用 NAT 功能时，如果配置了 No–PAT 参数，那么设备会对私网 IP 和公网 IP 进行一对一的映射,而不进行端口转换。此时,私网 IP 的所有端口号都可以被映射为公网地址的对应端口,公网用户也就可以向私网用户的任意端口主动发起连接。所以,配置 NAT No-PAT 后,设备会为有实际流量的数据流建立 Server Map 表,用于存放私网 IP 地址与公网 IP 地址的映射关系。设备根据这种映射关系对报文的地址进行转换,并进行转发。

(5)配置 NAT Full-cone 时生成的动态 Server Map 表项。

(6)配置 PCP 时生成的动态 Server Map 表项。

(7)配置服务器负载均衡时生成的静态 Server Map 表项。

(8)配置 DS-Lite 场景下 NAT Server 时生成的动态 Server Map 表项。

(9)配置静态 NAT64 时生成的静态 Server Map 表项。

6.4.5 端口识别对多通道协议的支持

端口识别也称端口映射,是防火墙用来识别使用非标准端口的应用层协议报文的技术。端口映射支持的应用层协议包括 FTP、HTTP、RTSP、点到点隧道协议(Point to Point Tunneling Protocol,PPTP)、媒体网关控制协议(Media Gateway Control Protocol,MGCP)、多媒体消息服务(Multimedia Messaging Service,MMS)协议、SMTP、H.323 协议、SIP、SQLNet 协议。

端口识别基于 ACL 进行,只有匹配某条 ACL 的报文时才会实施端口映射。端口映射使用基本 ACL(编号 2000~2999)。端口映射在使用 ACL 过滤报文时,使用报文的目的 IP 地址匹配基本 ACL 中配置的源 IP 地址。端口识别配置命令如图 6-36 所示。

图 6-36 端口识别配置命令

ACL 是一系列有顺序的规则组的集合,这些规则根据数据包的源地址、目的地址、端口号等描述。ACL 通过规则对数据包进行分类,这些规则应用到路由设备上,路由设备根据这些规则判断哪些数据包可以接收,哪些数据包需要拒绝。

ACL 分为以下 4 类。

(1)基本 ACL(2000~2999):只能通过源 IP 地址和时间段进行流量匹配,可用于一些只需要进行简单匹配的功能。

(2)高级 ACL(3000~3999):通过源 IP 地址、目的 IP 地址、ToS(Type of Service)、时间段、协议类型、优先级、ICMP 报文类型和 ICMP 报文码等多个维度对流量进行匹配,在大部分功能中可使用高级 ACL 进行精确流量匹配。

(3)基于 MAC 地址的 ACL(4000~4999):可以通过源 MAC 地址、目的 MAC 地址、CoS(Class of Service)、协议码等维度进行流量匹配。

(4)硬件包过滤 ACL(9000~9499):将硬件包过滤 ACL 下发到接口卡上后,接口卡通过硬件实现包过滤功能,与普通的软件包过滤相比速度更快,消耗系统资源更少。硬件包过滤 ACL 的匹配条件比较全面,可以通过源 IP 地址、目的 IP 地址、源 MAC 地址、目的 MAC 地址、CoS、协议类型等维度进行流量匹配。

　　端口映射功能只对安全域间的数据流动生效，因此在配置端口映射时必须配置安全区域和安全域间。

6.4.6　分片缓存

　　网络设备在传输报文时，如果设备上配置的 MTU 小于报文长度，则会将报文分片后继续发送。理想情况下，各分片报文将按照固定的先后顺序在网络中传输。在实际传输过程中，可能存在首片分片报文不是第一个到达防火墙的现象，此时防火墙将丢弃该系列分片报文。为保证会话的正常进行，默认情况下，防火墙支持分片缓存功能。设备会将非首片的分片报文缓存至分片散列表，等待首片到来建立会话后，再将所有分片报文进行转发。若在指定的时间内首片分片报文没有到来，防火墙将丢弃分片缓存中的分片报文。

　　在 VPN 应用中［如 IP 安全协议（Internet Protocol Security，IPSec）和通用路由封装（Generic Route Encapsulation，GRE）］，由于需要设备对分片报文进行重组后解密或者解封装设备才能进行后续处理，因此必须将设备配置成分片缓存状态，完成原始报文重组之后才可以进行相应的加密解密处理。在 NAT 应用中，需要设备对分片报文进行重组后才能正常解析和转换报文中的 IP 地址，所以也必须将设备配置成分片缓存状态，才可以正常进行 NAT。

　　分片报文直接转发功能一般用在不进行 NAT 的情况下。开启该功能后，防火墙将收到的分片报文直接转发出去，不创建会话表。

　　分片缓存配置相关命令如下。

　　（1）配置分片缓存老化时间：

```
Firewall session aging-time fragment interval  (1-40000);
```

　　（2）开启/关闭分片报文直接转发功能：

```
Firewall fragment-forward enable/disable;
```

6.4.7　长连接

　　当一个 TCP 会话的两个连续报文到达防火墙的时间间隔大于该会话的老化时间时，为保证网络的安全性，防火墙将从会话表中删除相应会话信息，这样后续报文到达防火墙后，防火墙将丢弃该报文，导致连接中断。在实际的网络环境中，某些特殊的业务数据流的会话信息需要长时间不被老化。为了解决这一问题，防火墙支持在安全域间配置长连接功能，通过引用 ACL 定义数据流规则，为匹配 ACL 规则的特定报文会话设置超长老化时间，确保会话正常进行。默认情况下，长连接的老化时间为 168 小时（7×24 小时）。

　　防火墙仅支持对 TCP 报文配置域间长连接功能。

　　状态检测机制关闭时，非首包也可以建立会话表，所以此时不需使用长连接功能也可以保持业务的正常运行。

　　长连接相关命令如下。

　　（1）配置长连接老化时间：

```
Firewall long-link aging-time time;
```

　　（2）开启长连接功能：

```
Firewall interzone zone-name1  zone-name2 ;
lonk-link acl-number { inbound | outbound } ;
```

综合实验：基于 IP 地址的转发策略

1. 实验组网需求与目的

　　（1）组网需求。

　　某信息科技公司规划使用 192.168.5.0/24 作为自己内部的 IP 地址，在部署防火墙时，由于安全要求，192.168.5.2、192.168.5.3 和 192.168.5.6 这 3 台 PC 无法访问 Internet（WWW 服务器），而其他 IP 地址均可以正常访问 Internet。

（2）组网目的。

掌握基于 IP 地址控制访问的配置方法。

2. 实验拓扑

实验拓扑图如图 6-37 所示。

图 6-37　实验拓扑图

3. 实验步骤（CLI 模式）

步骤 1：配置各个接口的 IP 地址并加入相应的安全区域。

```
<USG6000V1>system-view
```

（1）配置防火墙各接口的 IP 地址。

```
[USG6000V1]interface GigabitEthernet 1/0/0
[USG6000V1-GigabitEthernet1/0/0]ip address 192.168.5.1 24
[USG6000V1-GigabitEthernet1/0/0]interface GigabitEthernet 0/0/1
[USG6000V1-GigabitEthernet1/0/1]ip address 1.1.1.1 24
[USG6000V1-GigabitEthernet1/0/1]quit
```

（2）将防火墙的 GE0/0/0 接口加入信任（trust）区域。

```
[USG6000V1]firewall zone trust
[USG6000V1-zone-trust]add interface GigabitEthernet 0/0/0
[USG6000V1-zone-trust]quit
```

（3）将防火墙的 GE0/0/1 接口加入非信任（untrust）区域。

```
[USG6000V1]firewall zone untrust
[USG6000V1-zone-untrust]add interface GigabitEthernet 0/0/1
[USG6000V1-zone-untrust]quit
```

步骤 2：配置名称为 ip_deny 的地址集，将几个不允许通过防火墙的 IP 地址加入地址集。

（1）创建名为 ip_deny 的地址集。

```
[USG6000V1]ip address-set ip_deny type object
```

（2）将不允许通过防火墙的 IP 地址加入 ip_deny 地址集。

```
[USG6000V1-object-address-set-ip_deny]address 192.168.5.2 0
[USG6000V1-object-address-set-ip_deny]address 192.168.5.3 0
[USG6000V1-object-address-set-ip_deny]address 192.168.5.6 0
[USG6000V1-object-address-set-ip_deny]quit
```

步骤 3：创建不允许通过防火墙 IP 地址的转发策略。

```
[USG6000V1]security-policy
[USG6000V1-policy-security]rule name policy_deny
[USG6000V1-policy-security-rule-policy_deny]source-address address-set ip_deny
[USG6000V1-policy-security-rule-policy_deny]action deny
[USG6000V1policy-security-rule-policy_deny]quit
```

步骤 4：创建允许其他属于 192.168.5.0/24 这个网段的 IP 地址通过防火墙的转发策略。

```
[USG6000V1]security-policy
[USG6000V1-policy-security]rule name policy_permit
[USG6000V1-policy-security-rule-policy_permit]source-address 192.168.5.0 24
[USG6000V1-policy-security-rule-policy_permit]action permit
[USG6000V1-policy-security-rule-policy_permit]quit
```

步骤 5：测试不同 IP 地址通过防火墙的情况。

信任区域 4 台 PC 分别用 ping 命令测试与非信任区域的 WWW 服务器 1.1.1.2 的连通情况，应该只有 PC3

的 192.168.5.4 可以 ping 通服务器 1.1.1.2。

4. 实验步骤（Web 模式）

步骤 1：配置各个接口的 IP 地址，并加入相应的安全区域，如图 6-38 所示。

微课视频

图 6-38　接口加入安全区域

（1）选择"网络"＞"接口"＞"GE1/0/0"，配置接口 IP 地址，将"安全区域"选项设为"trust"。

（2）重复上述步骤，配置接口 GE1/0/1 的 IP 地址并将"安全区域"选项设为"untrust"。

步骤 2：配置地址集，如图 6-39 所示。

图 6-39　配置地址集

（1）选择"对象"＞"地址"＞"地址"，单击"新建"按钮，配置名称为 ip_deny 的地址集，将几个不允许上网的 IP 地址加入地址集。

（2）重复上述步骤，配置名称为 ip_permit 的地址集，将 192.168.5.0/24 的网段加入地址集。

步骤 3：创建拒绝特殊的几个 IP 地址访问 Internet 的转发策略。选择"策略"＞"安全策略"＞"安全策略"，单击"新建"按钮，并输入各项参数，如图 6-40 所示。

图 6-40　配置拒绝转发策略

步骤 4：创建允许 192.168.5.0/24 这个网段访问 Internet 的转发策略，如图 6-41 所示。

步骤 5：验证结果，如图 6-42 所示。

图 6-41　配置允许转发策略

（1）配置好各 PC 的 IP 地址和网关。

（2）经过验证，发现 192.168.5.2、192.168.5.3 和 192.168.5.6 这 3 台 PC 无法访问 Internet，而 192.168.5.0/24 中的其他 IP 地址均可以正常访问 Internet。

图 6-42　验证结果

本章小结

本章主要讲解防火墙转发原理、防火墙安全策略应用场景及配置方法，通过原理的讲解和配置的实操，可使读者对防火墙相关知识有深入了解。

技能拓展

◆ **防火墙检测机制**

1. 对于 TCP 报文

开启状态检测机制时，首包（SYN 报文）建立会话表项。对于除 SYN 报文外的其他报文，如果没有对应会话表项（设备没有收到 SYN 报文或者会话表项已老化），则予以丢弃，也不会建立会话表项。

关闭状态检测机制时，任何格式的报文在没有对应会话表项的情况下，只要通过各项安全机制的检查，都可以为其建立会话表项。

2. 对于 UDP 报文

UDP 是基于无连接的通信，任何 UDP 格式的报文在没有对应会话表项的情况下，只要通过各项安全机制的检查，都可以为其建立会话表项。

3. 对于 ICMP 报文

开启状态检测机制时，没有对应会话的 ICMP 应答报文将被丢弃。

关闭状态检测机制时，没有对应会话的应答报文以首包形式处理。

◆ **如何使用通配符**

Source-Wildcard 为点分十进制格式的通配符，也称为反掩码（wildcard-mask）。如图 6-43 所示，在 IP 地址 192.168.1.0 0.0.0.255 中，这里的 0.0.0.255 就是通配符。另外，通配符的二进制形式支持 1 不连续，如 0.255.0.255。通配符转换为二进制形式后，为 0 的位是匹配值（源 IP 地址）中需要匹配的位，为 1 的位表示不需要关注。0.0.0.255 的二进制形式是 00000000 00000000 00000000 11111111，所以源 IP 地址是 192.168.1.* 的报文均能匹配到。

- 反掩码和子网掩码格式相似，但取值含义不同

  - □ 0表示对应的IP地址位需要比较

  - □ 1表示对应的IP地址位忽略比较

  怎样利用IP地址和反掩码表示一个网段?

- 反掩码和IP地址结合使用，可以描述一个地址范围

0	0	0	255	只比较前24位
0	0	3	255	只比较前22位
0	255	255	255	只比较前8位

图 6-43　反掩码的使用

0 通配符表示主机。

通配符举例：

（1）192.168.10.0　0.0.0.255：表示一个网段。

（2）192.168.10.1　0：表示一个 IP 地址。

课后习题

1. 以下（　　）情况会产生 Server Map 表。

   A. 配置 NAT No-PAT　　　　　　　B. 配置 NAT 服务器映射

   C. 配置 ASPF　　　　　　　　　　D. 配置防火墙的长连接

2. 默认情况下，防火墙有 4 个安全区域，且不能修改安全级别。（　　　）

   A. 正确　　　　　　　　　　　　B. 错误

3. 包过滤与状态检查机制、会话表之间有哪些关联关系？

4. Server Map 表项的具体作用是什么？

5. 分片缓存中首包分片和其他分片在报文格式上有何区别？首包分片先到如何处理？晚到如何处理？

6. 端口识别（端口映射）主要应用于什么场景之下？

第 7 章

网络地址转换（NAT）技术

知识目标

① 了解 NAT 的技术原理。

② 了解 NAT 的几种应用方式。

能力目标

学会防火墙的 NAT 配置。

素质拓展

网络空间是亿万民众共同的精神家园。网络空间天朗气清、生态良好，符合人民利益；网络空间乌烟瘴气、生态恶化，不符合人民利益。谁都不愿生活在充满虚假、诈骗、攻击、谩骂、恐怖、色情、暴力的网络空间。

课程导入

小安在一家信息科技公司担任信息安全工程师，为满足公司的信息安全需求，公司新购入一台华为 USG 6000V 防火墙，现需要将防火墙架设在公司的互联网出口上。小安通过自己掌握的相关知识，提出通过防火墙的 NAT 技术将公司的私网 IP 地址转换成互联网服务提供商（Internet Service Provider，ISP）提供的公网 IP 地址，在防火墙保护下安全地连接 Internet。

相关内容

7.1　NAT 技术概述

7.1.1　NAT 产生背景

早在 20 世纪 90 年代初，IETF 颁布的征求意见稿（Request for Comments，RFC）就提出 IP 地址存在耗尽的可能。基于 TCP/IP 的 Web 应用使互联网迅速扩张，IPv4 地址申请量越来越大，互联网可持续发展的问题日益严重。中国的运营商每年向互联网名称与数字地址分配机构（The Internet Corporation for Assigned Names and Numbers，ICANN）申请的 IP 地址数量为全球最多。曾经有专家预言，根据互联网的发展速度，到 2011 年左右，全球可用的 IPv4 地址资源将全部耗尽。

IPv6 的提出就是为了从根本上解决 IPv4 地址不够用的问题。IPv6 地址集将地址位数从 IPv4 的 32 位扩展到了 128 位，对于网络应用来说，这样的地址空间几乎是无限大。因此，IPv6 技术可以从根本上解决地址短缺的问题。但是，IPv6 面临着技术不成熟、更新代价巨大等尖锐问题，要想替换现有成熟且广泛应用的 IPv4 网络，还有很长一段路要走。

既然不能立即过渡到 IPv6 网络，那么必须使用一些技术手段延长 IPv4 的寿命。技术的发展确实有效延缓了 IPv4 地址的衰竭，专家预言的地址耗尽的情况并未出现，其中广泛使用的技术包括无类域间路由（Classless Inter-Domain Routing，CIDR）、可变长子网掩码（Variable Length Subnet Mask，VLSM）和 NAT。

7.1.2　为什么需要 NAT

私网地址出现的目的是实现地址的复用，提高 IP 地址资源的利用率。为了满足一些实验室、公司或其他组织的独立于 Internet 之外的私有网络的需求，在 RFC 1918 中，互联网数字分配机构（The Internet Assigned Numbers Authority，IANA）保留了以下 3 个范围内的 IP 地址，将其用于私有网络。

（1）A 类 IP 地址中的 10.0.0.0 ~ 10.255.255.255（10.0.0.0/8）。

（2）B 类 IP 地址中的 172.16.0.0 ~ 172.31.255.255（172.16.0.0/12）。

（3）C 类 IP 地址中的 192.168.0.0 ~ 192.167.255.255（192.168.0.0/16）。

上述 3 个范围内的 IP 地址不能在 Internet 上被分配，私网中不必申请就可以自由使用。私网使用私网地址，公网使用公网地址，如果没有 NAT 将私网地址转换为公网地址，会造成通信混乱，最直接的后果就是无法通信，如图 7-1 所示。

图 7-1　私网 IP 无 NAT 转换示意

因此，要使用私网地址和公网进行通信，必须使用 NAT 技术进行地址转换，以保证通信正常。

7.1.3 NAT 技术的基本原理

NAT 是将 IP 数据报文报头中的 IP 地址转换为另一个 IP 地址的过程，主要用于实现私网（私网 IP 地址）访问公网（公网 IP 地址）的功能。

一般的 NAT 设备（实现 NAT 功能的网络设备）都维护着一张地址转换表，所有经过 NAT 设备并且需要进行地址转换的报文都会通过该表做相应的修改。地址转换机制分为两个部分。

（1）内部网络主机的 IP 地址和端口转换为 NAT 设备外部网络地址和端口。

（2）外部网络地址和端口转换为 NAT 设备内部网络主机的 IP 地址和端口。

NAT 技术就是在<私有地址+端口>与<公有地址+端口>之间进行相互转换，如图 7-2 所示。

图 7-2　NAT 基本原理

NAT 设备处于私网和公网的连接处，私网内部的 PC 与外部服务器的交互报文都会通过该 NAT 设备。常见的 NAT 设备有路由器、防火墙等。

7.1.4 NAT 分类

根据应用场景的不同，NAT 可以分为以下 3 类。

（1）源 NAT（Source NAT）：可使多个私网用户同时访问 Internet。

① 地址池方式：采用地址池中的公网地址为私网用户进行地址转换，适用于大量的私网用户访问 Internet 的场景。

② 出接口地址方式：私网主机直接借用公网接口的 IP 地址访问 Internet，特别适用于公网接口 IP 地址是动态获取的情况。

（2）服务器映射：可使公网用户访问私网服务器。公网地址和私网地址一对一进行映射，适用于公网用户访问私网内部服务器的场景。

（3）目的 NAT（Destination NAT）：可使移动设备上网的业务流量送往正确的无线应用协议（Wireless Application Protocol，WAP）网关。目的 NAT 主要用于转换移动用户 WAP 网关地址，使移动用户可以正常上网的场景。

7.1.5 NAT 的优点和缺点

1. NAT 的优点

（1）实现 IP 地址复用，节约宝贵的地址资源。NAT 技术可以使一个局域网中的多台主机使用少数的合法地址访问外部的资源，也可以设定内部的 WWW、FTP、Telnet 等服务提供给外部网络使用，解决了 IP 地址日益短缺的问题。

（2）地址转换过程对用户透明。对于内外网络用户，其感觉不到 IP 地址转换的过程，整个过程对于用户来说是透明的。

（3）对私网用户提供隐私保护。公网用户不能直接获得私网用户的 IP 地址、服务等信息，具有一定的安全性。

（4）可实现对私网内部服务器的负载均衡。通过配置多个相同的内部服务器的方式，可以减小单个服务器在大流量时承担的压力，实现服务器负载均衡。

2. NAT 的缺点

（1）限制某些具体应用。由于需要对数据报文进行 IP 地址的转换，因此涉及 IP 地址的数据报文的报头不能被加密。在应用协议中，如果报文中有地址或端口需要转换，则报文不能被加密。例如，不能使用加密的 FTP 连接，否则 FTP 的 port 命令不能被正确转换。

（2）网络监管更加困难。例如，如果一个黑客从私网攻击公网上的一台服务器，那么要想追踪该攻击者会很难。因为在报文经过 NAT 设备时地址经过了转换，不能确定哪台才是黑客的主机。

7.2　源 NAT 技术

7.2.1　NAT 地址池

NAT 地址池是一些连续的 IP 地址集合，当来自私网的报文通过地址转换到公网 IP 地址时，将会选择地址池中的某个地址作为转换后的地址。

1. 创建 NAT 地址池命令

```
nat address-guoup  address-group-name
section [ section-id | section-name ] start-address end-address
nat-mode {pat|no-pat}
```

示例如下。

```
[USG6000V1] nat address-guoup testgroup1
[USG6000V1-address-guoup-testgroup1]section 1.1.1.10 1.1.1.15
[USG6000V1address-guoup-testgroup1]nat-mode pat
```

2. Web 模式下配置地址池

在 Web 模式下配置 NAT 地址池的步骤如下。

（1）选择"策略" > "NAT 策略" > "源 NAT" > "NAT 地址池"。

（2）在"NAT 地址池列表"中单击"新建"按钮。

（3）在图 7-3 所示的"新建 NAT 地址池"对话框中依次输入或选择各项参数。

图 7-3　在 Web 视图配置地址池

3. 地址池特性

（1）NAT 地址池中的地址可以是一个公网 IP 地址，也可以是多个公网 IP 地址。

（2）在配置基于源 IP 地址的 NAT 与域内 NAT 时，需要首先配置 NAT 地址池，然后将 NAT 地址池与 NAT 策略绑定，通过选择不同的参数，实现不同功能的 NAT。

（3）当某地址池已经与 NAT 策略关联时，不允许删除该地址池。

（4）配置 NAT 地址池时，应将上网接口地址和地址池配置在同一网段，即与分配的公网 IP 地址在同一网段；如果地址池所在网段与上网接口不在同一个网段，注意需要在 USG 的下一跳路由器上配置到地址池的路由。

（5）一个地址池只支持配置一个地址段，也支持将地址池配置为仅包含单个 IP 地址，以实现内部主机固定转换为特定的公网 IP 地址。

（6）地址段配置完成后，可以使用 exclude-ip ipv4-address1 [to ipv4-address2 | mask {mask-address | mask-length }]命令剔除地址池中某些特殊的 IP 地址。

（7）pat 表示地址转换的同时进行端口的转换，no-pat 表示地址转换的同时不进行端口的转换。只有允许端口转换才可以使多个内网主机同时使用同一个公网 IP 地址访问 Internet。如果不允许端口转换，私网地址和公网地址将进行一对一转换。

（8）当地址池中的地址已经全部分配出去时，剩余私网地址将不会进行 NAT，直到有其他主机释放公网 IP 地址。

（9）默认情况下，NAT 地址的转换模式为 pat 模式。该模式下可以使用 exclude-port port1 [to port2]命令剔除地址池中某些特殊的端口，端口取值范围为 2048～65535。

7.2.2　NAT 转换方式

1. 不带端口转换

基于源 IP 地址的 NAT 是指对发起连接的 IP 报文头中的源地址进行转换，它可以实现内部用户访问外部网络的目的。通过将内部主机的私网地址转换为公网地址，使一个局域网中的多台主机使用少数的合法地址访问外部资源，有效地隐藏了内部局域网的主机 IP 地址，起到了安全保护的作用。

不带端口转换的地址池方式通过配置 NAT 地址池来实现，NAT 地址池中可以包含多个公网地址。转换时只转换地址，不转换端口，实现私网地址到公网地址一对一的转换。如果地址池中的地址已经全部分配出去，则剩余内网主机访问外网时不会进行 NAT，直到地址池中有空闲地址时才会进行 NAT，如图 7-4 所示。

图 7-4　不带端口转换的地址池方式

2. 带端口转换

带端口转换的地址池方式通过配置 NAT 地址池来实现，NAT 地址池中可以包含一个或多个公网地址。转换时同时转换地址和端口，即可实现多个私网地址共用一个或多个公网地址的需求，如图 7-5 所示。

图 7-5　带端口转换的地址池方式

此方式下，由于地址转换的同时还进行端口的转换，可以实现多个私网用户共同使用一个公网 IP 地址上网，防火墙根据端口区分不同用户，因此可以支持同时上网的用户数量更多。这是一种利用第四层信息扩展第三层地址的技术，一个 IP 地址有 65535 个端口可以使用。理论上来说，一个地址可以为其他 65535 个地址提供 NAT，防火墙还能将来自不同内部地址的数据报文映射到同一公有地址的不同端口号上，因而仍然能够共享同一地址。与一对一或多对多地址转换相比，这种方式极大地提升了地址空间，增加了 IP 地址的利用率。因此，带端口转换是最常用的一种地址转换方式。

3. 出接口地址方式

出接口地址方式也称为 Easy IP，即直接使用接口的公网地址作为转换后的地址，不需要配置 NAT 地址池。转换时会同时转换地址和端口，即可实现多个私网地址共用外网接口的公网地址的需求，如图 7-6 所示。

图 7-6　出接口地址方式

7.2.3　配置源 NAT 策略

1. CLI 模式下配置 NAT 策略

在 NAT 配置的动作中，nat 表示对该数据流进行 NAT，no-nat 表示不对该数据流进行 NAT。no-nat 动作主要用于配置一些特殊的客户端。例如，需要对 192.167.1.0/24 网段内除 192.167.1.2 以外的所有主机进行转换，可以利用 NAT 策略的匹配优先级，先配置一条对 192.167.1.2 主机不转换的策略，再配置一条对 192.167.1.0/24 网段转换的策略。其具体配置命令如图 7-7 所示。

- 在系统视图下进入NAT策略视图

  nat-policy
- 在NAT策略视图下创建NAT规则并进入NAT规则视图

  rule name *rule-name*
- 创建NAT策略，进入策略ID视图

  source/destination-address { address-set *address-set-name*&**<1-6>| ** *ipv4-address* }

  source/destination-zone { *zone-name*&**<1-6>| any }**

  egress-interface *interface-type interface-number*

  service { *service-name*&**<1-6>| any }**

  action { nat { { address-group address-group name **} | easy-ip } | no-nat }**

图 7-7   配置源 NAT 策略

上述命令中，address-group 表示使用含有多个公网地址的 NAT 地址池作为转换后流量的源地址，easy-ip 表示使用该条流量最终的出接口的 IP 地址作为转换后的流量的源地址。当选择出接口地址方式时，系统通过查询路由自动找到对应的出接口。

2. Web 模式下配置 NAT 策略

基于源 IP 地址转换的配置步骤如下。

（1）选择"策略" > "NAT 策略" > "源 NAT 策略"。

（2）在"NAT 策略列表"中单击"新建"按钮。

（3）在图 7-8 所示的"新建 NAT 策略"对话框中依次输入或选择各项参数。

图 7-8   Web 视图配置源 NAT 策略

"目的安全区域"和"出接口地址"都用来限定需要进行地址转换的流量的范围，二者的使用差异仅在于限定范围不同，实际使用中应根据需要地址转换的流量的范围进行选择。

7.2.4   NAT ALG

1. 为什么需要 NAT ALG

ALG 为应用级网关（Application Level Gateway）。NAT ALG 是特定的应用协议的转换代理，可以完成应用层数据中所携带的地址及端口号的转换。

在以太网数据帧结构中，IP 首部包含 32 位的源 IP 地址和 32 位的目的 IP 地址，TCP 首部包含 16 位的源端口号和 16 位的目的端口号，这部分就是 NAT 可以转换的部分，如图 7-9 所示。

图 7-9　以太网数帧中 NAT 可以转换的部分

但是，很多协议会通过 IP 报文的数据载荷进行新端口甚至新 IP 地址的协商。协商完成之后，通信双方会根据协商结果建立新的连接进行后续报文的传输。这些协商出来的端口和 IP 地址往往是随机的，管理员并不能为其提前配置好相应的 NAT 规则，这就会导致这些协议在 NAT 过程中出现问题。

普通 NAT 实现了对 UDP 或 TCP 报文头中的 IP 地址及端口转换功能，但对应用层数据载荷中的字段无能为力。在许多应用层协议中，如多媒体协议（H.323、SIP 等）、FTP、SQLNet 等，TCP/UDP 载荷中带有地址或者端口信息，这些内容不能被 NAT 进行有效转换，就可能导致出现问题。而 NAT ALG 技术能对多通道协议进行应用层报文信息的解析和地址转换，将载荷中需要进行地址转换的 IP 地址和端口或者需特殊处理的字段进行相应的转换和处理，从而保证应用层通信的正确性。

例如，FTP 应用就由数据连接和控制连接共同完成，而且数据连接的建立动态地由控制连接中的载荷字段信息决定，这就需要 ALG 完成载荷字段信息的转换，以保证后续数据连接的正确建立。

为了实现应用层协议的转发策略，人们提出了 ASPF 功能。ASPF 的功能主要是通过分析应用层协议的报文，为其开放相应的包过滤规则；而 NAT ALG 的主要目的是为其开放相应的 NAT 规则。由于两者通常都是结合使用的，因此使用同一条命令就可以将两者同时开启。

2. NAT ALG 实现原理

由于 NAT 设备上配置了私网地址 192.168.1.2 到公网地址 8.8.8.11 的映射，实现了地址的 NAT，因此支持私网主机对公网的访问。在组网中，若 ALG 没有对报文载荷进行处理，私网主机发送的 PORT 报文到达服务器后，服务器无法根据私网地址进行寻址，也就无法建立正确的数据连接。整个通信过程包括 4 个阶段，如图 7-10 所示。

图 7-10　NAT ALG 实现

（1）第一阶段：私网主机和公网 FTP 服务器之间通过 TCP 三次握手成功建立控制连接。

（2）第二阶段：控制连接建立后，私网主机向 FTP 服务器发送 PORT 报文，报文中携带私网主机指定的数据连接的目的地址和端口，用于通知服务器使用该地址和端口和自己进行数据连接。

（3）第三阶段：PORT 报文在经过支持 ALG 特性的 NAT 设备时，报文载荷中的私网地址和端口会被转换成对应的公网地址和端口，即设备将收到的 PORT 报文载荷中的私网地址 192.168.1.2 转换成公网地址 8.8.8.11，端口 1084 转换成 12487。

（4）第四阶段：公网的 FTP 服务器收到 PORT 报文后，解析其内容，并向私网主机发起数据连接。该数据连接的目的地址为 8.8.8.11，目的端口为 12487。需要注意的是，一般情况下，该报文源端口为 20，但由于 FTP 没有严格规定，有的服务器发出的数据连接源端口为大于 1024 的随机端口，如本例采用的是 WFTPD 服务器（一种 Windows 服务器），采用的源端口为 3004。由于该目的地址是一个公网地址，因此后续的数据连接能成功建立，从而实现私网主机对公网服务器的访问。

3. NAT 与 Server Map 表

通常情况下，如果在设备上配置严格包过滤，那么设备将只允许私网用户单方向主动访问公网。但在实际应用中，如使用 FTP 协议的主动（port）方式传输文件时，既需要客户端主动向服务器发起控制连接，又需要服务器主动向客户端发起服务器数据连接，如果设备上配置的包过滤允许单方向上报文主动通过，则 FTP 文件将不能成功传输。

为了解决这类问题，USG 设备引入了 Server Map 表。Server Map 表基于三元组，用于存放一种映射关系，这种映射关系可以是控制数据协商出来的数据连接关系，也可以是配置 NAT 中的地址映射关系，使外部网络能通过设备主动访问内部网络。

生成 Server Map 表之后，如果一个数据连接匹配了 Server Map 表项，那么就能够被设备正常转发，而不需要查会话表，这样就保证了某些特殊应用的正常转发。

配置 NAT Server 成功后，设备会自动生成 Server Map 表项，用于存放公网地址与私网地址的映射关系。

当不配置 no-reverse 参数时，每个生效的 NAT Server 都会生成正反方向两个静态的 Server Map；当配置了 no-reverse 参数时，生效的 NAT Server 只会生成正方向静态的 Server Map。当用户删除 NAT Server 时，Server Map 也同步被删除。

配置 NAT No-PAT 后，设备会为已配置的多通道协议产生的有实际流量的数据流建立 Server Map 表。NAT 配置与 Server Map 表关系如图 7-11 所示。

图 7-11　NAT 配置与 Server Map 表关系

7.3　服务器映射及目的 NAT 技术

7.3.1　内部服务器

内部服务器是指在局域网中，没有通过端口映射，公网无法访问的服务器。

NAT 隐藏了局域网的结构，具有"屏蔽"内部服务器的作用。但是在实际应用中，可能需要给公网用户提供一个访问内部服务器的机会，这时可以使用 NAT Server 功能。

在防火墙上，可以专门为内部服务器配置一个对外的公网地址来代表它的私网地址。对公网用户来说，防火墙上配置的公网地址就是内部服务器的地址，如图 7-12 所示。

图 7-12　NAT Server 转换示意

1. NAT Server 特性

使用 NAT 可以灵活地添加内部服务器。例如，可以使用 202.202.1.1 等公网地址作为内部 Web 服务器的外部地址，甚至可以使用 202.202.1.1 : 8080 这样的 IP 地址加端口号的方式作为内部 Web 服务器的外部地址。

公网用户访问内部服务器时，需进行以下操作。

（1）防火墙将外部用户的请求报文的目的地址转换成内部服务器的私网地址。

（2）防火墙将内部服务器的回应报文的源地址（私网地址）转换成公网地址。

防火墙支持基于安全区域的内部服务器。例如，当需要对处于多个网段的外部用户提供访问服务时，防火墙结合安全区域配置内部服务器，可以为一个内部服务器配置多个公网地址。通过配置防火墙的不同级别的安全区域，使其对应不同网段的外部网络，并为不同安全区域配置同一个内部服务器对外的不同的公网地址，使处于不同网段的外部网络在访问同一个内部服务器时，可以通过访问对应的公网地址，实现对内部服务器的访问。

2. NAT Server 配置（CLI 模式）

NAT Server 是目的 NAT 中最常用的一种 NAT 形式。当私网部署了一台服务器时，其真实 IP 是私网地址，但是希望公网用户可以通过一个公网地址访问该服务器，这时可以配置 NAT Server，使设备将公网用户访问该公网地址的报文自动转发给内网服务器。NAT Server 配置命令如图 7-13 所示。

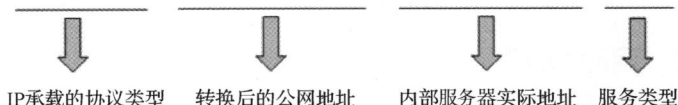

图 7-13　NAT Server 配置命令

NAT Server 配置参数说明如下。

（1）对所有安全区域发布同一个公网 IP 地址，即这些安全区域的用户都可以通过访问同一个公网 IP 地址来访问内部服务器。与发布不同的公网 IP 地址相比，发布同一个公网 IP 地址时多了一个参数 no-reverse。配置不带 no-reverse 参数的 NAT Server 后，当公网用户访问服务器时，设备能将服务器的公网地址转换成私网地址；同时，当服务器主动访问公网时，设备也能将服务器的私网地址转换成公网地址。

（2）参数 no-reverse 表示设备只能将公网地址转换成私网地址，不能将私网地址转换成公网地址。当内部服务器主动访问外部网络时需要执行 outbound 的 NAT 策略，引用的地址池里必须是 NAT Server 配置的公网 IP 地址，否则反向 NAT 地址与正向访问的公网 IP 地址不一致，会导致网络连接失败。

（3）多次执行带参数 no-reverse 的 NAT Server 命令，可以为该内部服务器配置多个公网地址；如未配置参数 no-reverse，则表示只能为该内部服务器配置一个公网地址。

（4）针对不同的安全区域发布不同的公网 IP 地址，即不同安全区域的用户可以通过访问不同的公网 IP 地址来访问内部服务器，适用于内部服务器向不同的运营商网络提供服务，且在每个运营商网络都拥有一个公网 IP 地址的情况。

3. NAT Server 配置（Web 模式）

在 Web 配置界面中，可以配置名称、安全区域、公网地址、私网地址，以及是否指定协议和是否允许服务器使用公网地址上网，如图 7-14 所示。

图 7-14　在 Web 配置界面中进行 NAT Server 配置

NAT Server 的配置步骤如下。

（1）选择"策略">"NAT 策略">"服务器映射"。

（2）单击"新建"按钮。

（3）依次输入或选择各项参数。

允许在服务器地址映射的过程中同时进行端口的转换。启用"指定协议"功能，并配置公网端口和私网端口，可以缩小服务器映射的范围，即只对某个地址的某种服务启用服务器映射功能。

当同一个公网地址需要映射不同的私网地址以对外提供不同的服务时，需要配置启用"允许端口转换"功能，以区分不同的流量。例如，可以先配置一条静态映射，将公网地址 1.1.1.1 的 80 端口映射为私网地址为 10.1.1.2 的 80 端口，用于提供 Web 服务；再配置一条静态映射，将公网地址 1.1.1.1 的 21 端口映射为私网地址为 10.1.1.3 的 21 端口，用于提供 FTP 服务。

7.3.2　目的 NAT

1. 目的 NAT 概述

在移动终端访问无线网络时，当其默认 WAP 网关地址与所在地运营商的 WAP 网关地址不一致时，可以在终端与 WAP 网关中间部署一台设备，并配置目的 NAT 功能，使设备自动将终端发往错误 WAP 网关地址的报文自动转发给正确的 WAP 网关。

移动用户需要通过登录 WAP 网关实现上网功能。目前，大量用户使用直接从国外购买的移动设备，这些设备出厂时默认设置的 WAP 网关地址与我国 WAP 网关地址不符，且无法自行修改，从而导致移动用户不能上网。为解决这一问题，在无线网络中的 WAP 网关与用户之间部署防火墙，通过在设备上配置目的 NAT 功能，使这部分移动用户能够正常获取网络资源。

当移动用户上网时，防火墙目的 NAT 处理过程如图 7-15 所示。其中，GGSN 为 GPRS 网关支持节点（Gateway GPRS Support Node），GPRS 为通用分组无线服务（General Packet Radio Service），GSR 为通用分组无线服务路由（General Packet Radio Service Router）。

图 7-15　手机用户上网时防火墙目的 NAT 处理过程

（1）当移动用户上网时，请求报文经过基站及其他中间设备到达防火墙。

（2）到达防火墙的报文如果与防火墙所配置的目的 NAT 策略相匹配，则将此数据报文的目的 IP 地址转换为已配置好的 WAP 网关的 IP 地址，并送往 WAP 网关。

（3）WAP 网关为移动客户端提供相应的业务服务（如视频服务、网页服务等），并将回应报文发往防火墙。

（4）回应报文在防火墙命中会话，防火墙转换该报文的源 IP 地址，并将该报文发往移动用户，完成一次通信。

此处可以把 WAP 网关理解为代理服务器。

2. 目的 NAT 配置（CLI 模式）

在 CLI 模式下进行目的 NAT 配置如图 7-16 所示。

在系统视图下，进入安全区域视图，配置目的NAT

firewall zone [name] *zone-name*

destination-nat *acl-number* **address** *ip-address* [**port** *port-number*]

举例：

[USG] firewall zone trust

[USG-zone-trust] destination-nat 3333 address 202.1.1.2

图 7-16　在 CLI 模式下进行目的 NAT 配置

目的 NAT 是通过 ACL 标识转发目的 IP 地址的数据流，ACL 是达成此应用场景的关键，即需要了解目前 WAP 网关 IP 地址有哪些，然后通过 ACL 对 WAP 网关 IP 地址进行定义。

目的 NAT 不支持与 NAT ALG 同时使用。

此处的 ACL 应该严格配置，避免非 WAP 业务数据流被 destination-nat 命令引用，从而导致非 WAP 业务中断，且只能引用范围为 3000～3999 的高级 ACL。

7.4　双向 NAT 技术

7.4.1　双向 NAT 技术概述

常规地址转换技术只转换报文的源地址或目的地址，而双向（Bidirectional）NAT 技术可以将报文的源地址和目的地址同时转换，该技术应用于内网主机地址与公网主机地址重叠的情况。双向 NAT 技术可以分为以下两种应用场景。

（1）域间双向 NAT（NAT Server + 源 NAT）。

（2）域内双向 NAT。

双向 NAT 应用场景的通信双方访问对方时目的地址都不是真实的地址，而是 NAT 转换后的地址。

一般来说，私网属于高优先级安全区域，公网属于低优先级安全区域。当低优先级安全区域的外网用户访问内部服务器的公网地址时，会将报文的目的地址转换为内部服务器的私网地址，但内部服务器需要配置到该公网地址的路由。如果要避免配置到公网地址的路由，则可以配置从低优先级安全区域到高优先级安全区域方向的 NAT，即域间双向 NAT。

同一个安全区域内的访问需要做双向 NAT，则需要配置域内双向 NAT 功能。

7.4.2　域间双向 NAT 技术

为了简化配置内部服务器至公网的路由，可在 NAT Server 基础上增加源 NAT 配置。

当配置 NAT Server 时，服务器需要配置到公网地址的路由才可正常发送回应报文。如果要简化配置，避免配置到公网地址的路由，则可以对外网用户的源 IP 地址也进行转换，转换后的源 IP 地址与服务器的私网地址在同一网段。这样内部服务器会默认将回应报文发给网关（设备本身），由设备转发回应报文，如图 7-17 所示。

图 7-17　域间双向 NAT

7.4.3　域内双向 NAT 技术

防火墙可以将用户的请求报文的目的地址转换成 FTP 服务器的私网 IP 地址，将源地址转换成用户对外公布的 IP 地址。

防火墙还可以将 FTP 服务器回应报文的源地址转换成对外公布的地址，将目的地址转换成用户的私网 IP 地址。

若需要地址转换的双方都在同一个安全域内，就涉及域内双向 NAT 的情况，如图 7-18 所示。当 FTP 服务器和用户均在信任区域，用户访问 FTP 服务器对外的公网 IP 地址时，用户与 FTP 服务器之间所有的交互报文都要经过防火墙，这时需要同时配置内部服务器和域内 NAT。

域内双向 NAT 适用于私网用户和服务器部署在同一安全区域，并希望私网用户只能访问服务器的公网地址的场景。在实现域内双向 NAT 过程中，既要将访问内部服务器的报文的目的地址由公网地址转换为私网地址，又需要将源地址由私网地址转换为公网地址。

图 7-18　域内双向 NAT

7.5　NAT 组网与配置

7.5.1　防火墙源 NAT 配置

1. CLI 模式下配置源 NAT

（1）配置接口 IP。

```
[USG6000V1]int g1/0/1
[USG6000V1-GigabitEthernet1/0/1]ip address 192.168.10.1 24
[USG6000V1-GigabitEthernet1/0/1]int g1/0/2
[USG6000V1-GigabitEthernet1/0/2]ip address 192.168.20.1 24
[USG6000V1-GigabitEthernet1/0/2]int g1/0/3
[USG6000V1-GigabitEthernet1/0/3]ip address 202.169.10.1 29
[USG6000V1-GigabitEthernet1/0/3]firewall zone trust
[USG6000V1-zone-trust]add interface g1/0/1
[USG6000V1-zone-trust]firewall zone dmz
[USG6000V1-zone-dmz]add interface g1/0/2
[USG6000V1-zone-dmz]firewall zone untrust
[USG6000V1-zone-untrust]add interface g1/0/3
```

（2）配置地址池。

```
[USG6000V1]nat address-group 1
[USG6000V1-address-group-1]section 202.169.10.2 202.169.10.6
```

（3）配置源 NAT 策略。

```
[USG6000V1]nat-policy
[USG6000V1-policy-nat]rule name nat1
[USG6000V1-policy-nat-rule-nat1]source-zone trust
[USG6000V1-policy-nat-rule-nat1]destination-zone untrust
[USG6000V1-policy-nat-rule-nat1]source-address 192.168.10.0 24
[USG6000V1-policy-nat-rule-nat1]action nat address-group 1
```

（4）配置域间访问规则。

```
[USG6000V1]security-policy
[USG6000V1-policy-security]rule name natpolicy
[USG6000V1-policy-security-rule-natpolicy]source-address 192.168.10.0 24
[USG6000V1-policy-security-rule-natpolicy]action permit
```

配置源 NAT 是为了实现私网用户访问公网时进行 NAT，数据流向是从高安全级别到低安全级别，因此源地址应该为私网的地址网段，而为私网用户分配的地址池应该为公网地址网段，用于对 Internet 资源进行访问。

2. Web 模式下配置源 NAT

在 Web 模式下配置更加直观，配置源 NAT 地址池和源 NAT 策略界面分别如图 7-19 和图 7-20 所示。

图 7-19　配置源 NAT 地址池

图 7-20　配置源 NAT 策略

源安全区域通常为转换前的私网 IP 地址所在的安全区域，目的安全区域通常为转换后的公网 IP 地址所在的安全区域。

7.5.2　防火墙 NAT Server 配置

1. CLI 模式下配置 NAT Server

（1）配置内部 Web 和 FTP 服务器。

```
[USG]nat server wwwserver protocol tcp global 202.169.10.1 80 inside 192.167.20.2 8080
[USG]nat server ftpserver protocol tcp global 202.169.10.1 ftp inside 192.167.20.3 ftp
```

USG 上同时配置 NAT 和内部服务器时，内部服务器优先级较高，首先起作用。

多个不同内部服务器使用一个公有地址对外发布时，可以多次使用 nat server 命令对其进行配置，并使用协议进行区分。

（2）配置域间包过滤规则。

```
[USG]security-policy
[USG-policy-security]rule name p1
[USG-policy-security-rule-p1]source-zone untrust
[USG-policy-security-rule-p1]destination-zone DMZ
[USG-policy-security-rule-p1]destination-address 192.167.20.2 32
[USG-policy-security-rule-p1]service http
[USG-policy-security-rule-p1]action permit
[USG-policy-security]rule name p2
[USG-policy-security-rule-p2]source-zone untrust
[USG-policy-security-rule-p2]destination-zone DMZ
[USG-policy-security-rule-p2]destination-address 192.167.20.3 32
[USG-policy-security-rule-p2]service ftp
[USG-policy-security-rule-p2]action permit
```

2. Web 模式下配置 NAT Server

在 Web 模式下配置 NAT Server 时，公网地址为内部服务器提供给外部用户访问的公网 IP 地址，私网地址为内部服务器在局域网中的 IP 地址，如图 7-21 所示。

微课视频

图 7-21　配置内部 FTP 服务器

在 Web 配置界面中，配置 FTP 域间安全转发策略的步骤如下。

（1）选择"防火墙" > "安全策略" > "转发策略"。

（2）在"转发策略列表"中单击"新建安全策略"按钮。

（3）依次输入或选择各项参数，如图 7-22 所示。

图 7-22　配置 FTP 域间安全转发策略

7.5.3　NAT 双出口场景配置

企业从每个互联网服务提供商（Internet Service Provider，ISP）处都获取到了一个公网 IP 地址，为了保证所有用户的访问速度，需要让不同 ISP 的用户通过访问相应的 ISP 的 IP 地址来访问企业提供的服务，而不需要经过 ISP 之间的中转；同时，企业私网的用户也可以通过两个 ISP 所提供的网络访问 Internet 资源，如图 7-23 所示。

图 7-23　企业双出口组网需求

ISP1 和 ISP2 都连接 Internet 并可以互通，其配置思路如图 7-24 所示。

图 7-24　NAT 双出口配置思路

1. 源 NAT 双出口配置（CLI 模式）

（1）创建安全区域。为 ISP1 和 ISP2 分别创建一个安全区域。

```
[USG6000V1]flrewall zone name ISP1
[USG6000V1-zone-isp1]set priority 10
[USG6000V1]flrewall zone name ISP2
[USG6000V1-zone-isp1]set priority 20
```

（2）配置各接口的 IP 地址，并将其加入相应的安全区域。

```
[USG6000V1] interface GigabitEthernet 1/0/3
[USG6000V1-GigabitEthernet0/0/3] ip address 10.1.1.1 24
[USG6000V1] interface GigabitEthernet 1/0/4
[USG6000V1-GigabitEthernet0/0/4] ip address 1.1.1.1 24
[USG6000V1-GigabitEthernet0/0/4] quit
[USG6000V1] interface GigabitEthernet 1/0/5
[USG6000V1-GigabitEthernet0/0/5] ip address 2.2.2.1 24
[USG6000V1]firewall zone trust
[USG6000V1-zone-trust] add interface gigabitetherent 1/0/3
[USG6000V1] firewall zone isp1
[USG6000V1-zone-isp1]add interface gigabitetherent 1/0/4
[USG6000V1] firewall zone isp2
[USG6000V1-zone-isp2]add interface gigabitetherent 1/0/5
```

（3）配置域间安全转发策略，开启内网到 ISP1 和 ISP2 区域的 outbound 方向策略。

```
[USG6000V1]security-policy
[USG6000V1-policy-security]rule name NAT_dual_egress
[USG6000V1-policy-security-rule-NAT_dual_egress]source-zone trust
[USG6000V1-policy-security-rule-NAT_dual_egress]destination-zone ISP1
[USG6000V1-policy-security-rule-NAT_dual_egress]source-address 10.1.1.0 24
[USG6000V1-policy-security-rule-NAT_dual_egress]action permit
```

（4）配置静态路由，保证路由可达（假设通过 ISP1 和 ISP2 访问 Internet 资源的下一跳地址分别为 1.1.1.2/24 和 2.2.2.2/24）。

```
[USG6000V1] ip route-static 0.0.0.0 0.0.0.0 1.1.1.2
```

```
[USG6000V1] ip route-static 0.0.0.0 0.0.0.0 2.2.2.2
```

（5）配置源 NAT 策略（ISP2 配置省略）。

```
[USG6000V1]nat-policy
[USG6000V1-policy-nat]rule name NAT_dual_egress
[USG6000V1-policy-nat-rule-NAT_dual_egress]source-zone trust
[USG6000V1-policy-nat-rule-NAT_dual_egress]destination-zone ISP1
[USG6000V1-policy-nat-rule-NAT_dual_egress]egress-interface GigabitEthernet 1/0/4
[USG6000V1-policy-nat-rule-NAT_dual_egress]action nat easy-ip
```

（ISP2 配置省略）

2. NAT Server 双出口配置（CLI 模式）

（1）配置接口 IP 地址并加入相应安全区域。

```
<USG6000V1> system-view
[USG6000V1] interface GigabitEthernet 1/0/3
[USG6000V1-GigabitEthernet1/0/3] ip address 10.1.1.1 24
[USG6000V1-GigabitEthernet1/0/3] quit
[USG6000V1] interface GigabitEthernet 1/0/4
[USG6000V1-GigabitEthernet1/0/4] ip address 1.1.1.1 24
[USG6000V1-GigabitEthernet1/0/4] quit
[USG6000V1] interface GigabitEthernet 1/0/5
[USG6000V1-GigabitEthernet1/0/5] ip address 2.2.2.1 24
[USG6000V1-GigabitEthernet1/0/5] quit
[USG6000V1] firewall zone dmz
[USG6000V1-zone-dmz] add interface GigabitEthernet 1/0/3
[USG6000V1-zone-dmz] quit
[USG6000V1] firewall zone untrust
[USG6000V1-zone-untrust] add interface GigabitEthernet 1/0/4
[USG6000V1-zone-untrust] add interface GigabitEthernet 1/0/5
[USG6000V1-zone-untrust] quit
```

微课视频

（2）配置域间安全策略，开启 ISP1 和 ISP2 区域到私网方向策略。

```
[USG6000V1]security-policy
[USG6000V1-policy-security]rule name nat_server
[USG6000V1-policy-security-rule-nat_server]source-zone ISP1
[USG6000V1-policy-security-rule-nat_server]destination-zone trust
[USG6000V1-policy-security-rule-nat_server]destination-address 10.1.1.2 32
[USG6000V1-policy-security-rule-nat_server]service ftp
[USG6000V1-policy-security-rule-nat_server]action permit
```

（ISP2 配置省略）

（3）创建内网服务器的公网 IP 地址与私网 IP 地址的映射关系。

```
[USG6000V1]nat server zone isp1 protocol tcp global 1.1.1.1 ftp insisde 10.1.1.2 ftp
[USG6000V1]nat server zone isp2 protocol tcp global 2.2.2.1 ftp insisde 10.1.1.2 ftp
```

（4）NAT ALG 默认已经在防火墙全局开启，同时可以单独在域间进行配置，使服务器可以正常对外提供 FTP 服务。

```
[USG6000V1]firewall interzone dmz isp1
[USG6000V1-interzone-dmz-isp1]detect ftp
[USG6000V1-interzone-dmz-isp1]quit
[USG6000V1]firewall interzone dmz isp2
[USG6000V1-interzone-dmz-isp2]detect ftp
[USG6000V1-interzone-dmz-isp2]quit
```

在本例中，ISP1 和 ISP2 可以划为同一安全区域，也可以设置为不同的安全区域。此时，采用 nat server zone 方式可以使防火墙识别报文"来自"或者"去往"的域，报文的目的地址和源地址可通过 nat server 所创建的地址映射关系进行转换。

综合实验：网络地址转换

微课视频

1. 实验目的

掌握防火墙 NAT 的配置方法。

2. 实验拓扑图

实验拓扑图如图 7-25 所示。

图 7-25   实验拓扑图

3. 实验步骤

步骤 1：配置 PC1 和 PC2 的 IP 地址分别为 192.168.1.10/24 和 2.2.2.10/24。

步骤 2：按拓扑图设置防火墙 GE1/0/0 和 GE1/0/1 接口的 IP 地址。

```
<USG6000V1>sys
[USG6000V1]interface GigabitEthernet 1/0/0
[USG6000V1-GigabitEthernet1/0/0]ip address 192.168.1.1 24
[USG6000V1-GigabitEthernet1/0/0]quit
[USG6000V1]interface GigabitEthernet 1/0/1
[USG6000V1-GigabitEthernet1/0/1]ip address 2.2.2.1 24
[USG6000V1-GigabitEthernet1/0/1]quit
```

步骤 3：将接口加入防火墙安全区域。

（1）将防火墙的 GE 1/0/0 接口加入信任（trust）区域。

```
[USG6000V1]firewall zone trust
[USG6000V1-zone-trust]add interface GigabitEthernet 1/0/0
[USG6000V1-zone-trust]quit
```

（2）将防火墙的 GE 1/0/1 接口加入非信任（untrust）区域。

```
[USG6000V1]firewall zone untrust
[USG6000V1-zone-untrust]add interface GigabitEthernet 1/0/1
[USG6000V1-zone-untrust]quit
```

步骤 4：配置域间包过滤策略。

```
[USG6000V1]security-policy
```

（1）建立名为 source_net 的安全策略。

```
[USG6000V1-policy-security]rule name source_net
```

（2）添加 192.168.1.0 网段。

```
[USG6000V1-policy-security-rule-source_net]source-address 192.168.1.0 24
```

（3）设置源安全区域为 trust，目标安全区域为 untrust，并允许通过。

```
[USG6000V1-policy-security-rule-source_net]source-zone trust
[USG6000V1-policy-security-rule-source_net]destination-zone untrust
[USG6000V1-policy-security-rule-source_net]action permit
```

步骤 5：配置 NAT 地址池，公网地址范围为 2.2.2.2 ~ 2.2.2.5。

```
[USG6000V1]nat address-group q
[USG6000V1-address-group-q]section 2.2.2.2 2.2.2.5
```

步骤 6：配置 NAT 策略。

```
[USG6000V1]nat-policy
[USG6000V1-policy-nat]rule name source_nat
[USG6000V1-policy-nat-rule-source_nat]destination-address 2.2.2.10 24
[USG6000V1-policy-nat-rule-source_nat]source-address 192.168.1.0 24
[USG6000V1-policy-nat-rule-source_nat]source-zone trust
[USG6000V1-policy-nat-rule-source_nat]destination-zone untrust
[USG6000V1-policy-nat-rule-source_nat]action nat address-group q
```

步骤 7：验证结果。

（1）从 PC1 ping PC2 的 IP 地址。

（2）在防火墙使用 display firewall session table 命令，查看 NAT 情况。

```
[USG6000V1]display firewall session table
Current Total Sessions : 11
icmp VPN: public --> public 192.168.1.0:60717[2.2.2.4:2063] --> 2.2.2.10:2048
```

本章小结

　　本章主要讲述了 NAT 技术原理、NAT 技术分类、NAT 技术优缺点、NAT 典型场景配置等知识，可使读者对网络 IP 地址复用技术有更深入的了解，并初步掌握局域网用户上网方式配置等知识。

课后习题

1. Easy IP 的应用场景是什么？
2. 目的 IP 地址 NAT 中 no-reverse 参数的意义是什么？
3. 域间双向 NAT 与域内双向 NAT 应用场景有何不同？
4. 在不同类型的 NAT 应用场景中，域间包过滤规则配置应注意哪些方面？

第 **8** 章

防火墙双机热备技术

知识目标

掌握防火墙双机热备技术原理。

能力目标

学会防火墙双机热备基本配置。

素质拓展

网上网下要同心聚力、齐抓共管，形成共同防范社会风险、共同构筑同心圆的良好局面。要维护网络空间安全及网络数据的完整性、安全性、可靠性，提高维护网络空间安全能力。

课程导入

小安是一家信息科技公司的技术员，公司的防火墙不时会出现硬件故障，多次导致公司的互联网业务中断。为了解决此问题，提高公司网络的可靠性、容错性，小安提出了防火墙双机热备的解决方案，即在公司网络出口位置多部署一台防火墙设备，形成双机备份，以有效解决单台设备出现意外故障导致网络中断的风险。

相关内容

8.1 双机热备技术原理

微课视频

8.1.1 双机热备技术的产生

在传统的组网中，私网用户和公网用户的交互报文全部通过一台防火墙进行传输，如图 8-1 所示。如果该防火墙出现故障，则私网中所有以该防火墙作为默认网关的主机与公网之间的通信将中断，通信可靠性无法得到保证。

图 8-1　传统组网方式

双机热备技术的出现解决了传统组网方式可靠性难以保证的问题，通过在网络出口位置部署两台或多台网关设备，保证了私网与公网之间的通信畅通。

为了防止一台设备出现意外故障而导致网络业务中断，可以采用两台防火墙形成双机备份。

8.1.2　双机热备在路由器上部署

为了避免路由器传统组网方式引起的单点故障的发生，通常情况下可以采用多条链路的保护机制，依靠动态路由协议进行链路切换。但这种方式存在一定的局限性，当不能使用动态路由协议时，仍然会发生链路中断，因此人们推出了另一种保护机制——虚拟路由冗余协议（Virtual Router Redundancy Protocol，VRRP），如图 8-2 所示。与依赖动态路由协议的方式相比，采用 VRRP 的链路保护机制进行链路切换的时间更短，同时在不能使用动态路由情况下仍可提供链路保护。

图 8-2　路由组网中的 VRRP 实现

VRRP 是一种基本的容错协议，在配置时要注意以下几部分的配置。

（1）备份组：同一个广播域的一组路由器组成一个虚拟路由器，备份组中的所有路由器共同提供一个虚拟 IP 地址，作为内部网络的网关地址。

（2）主用路由器：在同一个备份组中的多个路由器中，只有一台处于活动状态，只有主用路由器能转发以虚拟 IP 地址作为下一跳的报文目的地址。

（3）备用路由器：在同一个备份组中的多个路由器中，除主用路由器外，其他路由器均为备用路由器，处于备用状态。

主用路由器通过组播方式定期向备用路由器发送通告报文（Hello），备用路由器则负责监听通告报文，以此确定其状态。由于 VRRP 通告报文为组播报文，因此要求备份组中的各路由器通过二层设备相连，即启用 VRRP 时上下行设备必须具有二层交换功能，否则备用路由器无法收到由主用路由器发送的通告报文。如果组网条件不满足，则不能使用 VRRP。

8.1.3 VRRP 工作原理

1. VRRP 在多区域防火墙组网中的应用

防火墙在为多个区域提供双机备份功能时，需要在每一台防火墙上配置多个 VRRP 备份组，如图 8-3 所示。

图 8-3 VRRP 在多区域防火墙组网中的应用

由于 USG 是状态防火墙，因此其要求报文来回的路径通过同一台防火墙。为了满足这个限制条件，就要求在同一台防火墙上的所有 VRRP 备份组状态保持一致，即需要保证在主用防火墙上所有 VRRP 备份组都是 Master（主）状态，这样所有报文都将从此防火墙上通过，而另外一台防火墙所有 VRRP 备份组都是 Backup（备份）状态，充当备用设备。

2. VRRP 在防火墙应用中存在的缺陷

（1）传统 VRRP 方式无法实现主用、备用防火墙状态的一致性。

根据现实的数据通信情况，可以假设两种不同的情况，如图 8-4 所示。

图 8-4 VRRP 中的数据走向

① 假设 USG A 和 USG B 的所有 VRRP 备份组状态一致，即 USG A 的所有备份组状态均为 Master，USG B 的所有备份组均为 Backup 状态。此时，信任区域的 PC1 访问非信任区域的 PC2，报文的转发路线为（1）—（2）—（3）—（4）。USG A 转发访问报文时，动态生成会话表项。当 PC2 的返回报文经过（4）—（3）到达 USG A 时，会命中会话表项，随后再经过（2）—（1）到达 PC1，顺利返回。同理，PC2 和隔离区域的服务器也能互访。

② 假设 USG A 和 USG B 的 VRRP 备份组状态不一致，如当 USG B 的备份组 1 为 Backup 状态，但备份组 3 为 Master 状态时，PC1 的报文通过 USG A 设备到达 PC2 后，在 USG A 上动态生成会话表项。PC2 的返回报文通过路线（4）—（9）返回。此时由于 USG B 上没有相应数据流的会话表项，在没有其他报文过滤规则允许通过的情况下，USG B 将丢弃该报文，导致会话中断。

（2）路由器和状态检测防火墙的报文转发机制不同，导致了不同的转发结果。

① 路由器：每个报文都会查路由表，只有匹配上后才进行转发，链路切换后后续报文不会受到影响，继续进行转发。

② 状态检测防火墙：如果首包允许通过，会建立一条五元组的会话连接，只有命中该会话表项的后续报文（包括返回报文）才能够通过防火墙；如果链路切换后，后续报文找不到正确的表项，会导致业务中断。

> **注意**
>
> 路由器配置 NAT 后也会存在同样的问题，因为在进行 NAT 后会形成一个 NAT 转换后的表项。

3. VRRP 用于防火墙多区域备份

为了保证所有 VRRP 备份组状态切换的一致性，人们在 VRRP 的基础上进行了扩展，推出了虚拟路由冗余协议组管理协议（VRRP Group Management Protocol，VGMP）来弥补此局限。VGMP 提出 VGMP 组的概念，将同一台防火墙上的多个 VRRP 备份组都加入一个 VGMP 组，由管理组统一管理所有 VRRP 备份组。通过统一控制各 VRRP 备份组状态的切换来保证管理组内的所有 VRRP 备份组状态都是一致的，如图 8-5 所示。

图 8-5　VGMP

VRRP 在防火墙中应用的要求主要有两种：VRRP 状态的一致性和会话表状态备份。

VGMP 组处于不同状态，VRRP 备份组的状态将有所不同，具体如下。

（1）当防火墙上的 VGMP 组为 Active（活动）/Standby（待机）状态时，组内所有 VRRP 备份组的状态统一为 Master/Backup 状态。

（2）状态为 Active 的 VGMP 组也会定期向对端发送通告报文，通知 Standby 端本身的运行状态（包括优先级、VRRP 成员状态等）。

（3）当一台防火墙上的 VGMP 组为 Active 状态时，组内所有 VRRP 备份组的状态统一为 Master 状态，所有报文都将从该防火墙上通过，该防火墙成为主用防火墙。此时，另外一台防火墙上对应的 VGMP 组为 Standby 状态，该防火墙成为备用防火墙。

4. VGMP 基本原理

VGMP 组的状态决定谁将成为主用防火墙或备用防火墙，而其状态由优先级决定。

防火墙的 VGMP 组优先级中有一个初始优先级，当防火墙的接口或者单板等出现故障时，会在初始优先级基础上减去一定的降低值。

USG6000 和 NGFW Module 的初始优先级为 45000。USG9500 的 VGMP 组的初始优先级与线路处理单元（Line Processing Unit，LPU，俗称接口板）上的插卡个数和服务处理单元（Service Processing Unit，SPU，俗称业务板）上的 CPU 个数有关。

状态为 Active 的 VGMP 组会定期向对端发送通告报文，通知 Standby 端本身的运行状态（包括优先级、VRRP 成员状态等）。成员的状态将会动态调整，以完成两台防火墙的主备调换。

与 VRRP 不同的是，Standby 端收到通告报文后会回应一个 ACK 消息，该消息中也会携带本身的优先级、

VRRP 成员状态等。

VGMP 通告报文发送周期默认为 1s。当 Standby 端 3 个通告报文周期没有收到对端发送的通告报文时，会认为对端出现故障，从而将自己切换到 Active 状态。

5. VGMP 组的管理

（1）状态一致性管理。

各 VRRP 备份组的 Master/Backup 状态变化都需要通知其所属的 VGMP 组，由 VGMP 组决定是否允许 VRRP 备份组进行 Master/Backup 状态切换。如果需要切换，则 VGMP 组控制所有的 VRRP 备份组统一切换。VRRP 备份组加入管理组后，状态不能自行单独切换。

（2）抢占管理。

VRRP 备份组本身具有抢占功能，即当原来出现故障的主用设备故障恢复时，其优先级也会恢复，此时可以重新将自己的状态抢占为 Master 状态。

VGMP 组的抢占功能与 VRRP 备份组类似，当管理组中出现故障的备份组故障恢复时，管理组的优先级也将恢复，此时 VGMP 组可以决定是否需要重新抢占成为主用设备。

VRRP 备份组加入 VGMP 组后，备份组上原来的抢占功能将失效，抢占行为发生与否必须由 VGMP 组统一决定。

（3）通道管理。

所谓通道管理，就是为了确定双机热备的两台防火墙之间有哪些接口是可用的，VGMP 模块和 HRP 模块将自动选择可用的接口来发送 VGMP 报文和 HRP 报文。

8.1.4 HRP 工作原理

1. HRP 概述

华为冗余协议（Huawei Redundancy Protocol，HRP）用来实现防火墙双机之间动态状态数据和关键配置命令的备份。

微课视频

在双机热备组网中，当主用防火墙出现故障时，所有流量都将切换到备用防火墙，如图 8-6 所示。因为 USG 是状态防火墙，如果备用防火墙上没有原来主用防火墙上的会话表等连接状态数据，则切换到备用防火墙的流量将无法通过防火墙，造成现有的连接中断，此时用户必须重新发起连接。

图 8-6 主备防火墙流量切换

HRP 模块提供了基础的数据备份机制和传输功能。各个应用模块收集本模块需要备份的数据，提交给 HRP 模块，HRP 模块负责将数据发送到对端防火墙的对应模块，应用模块需要对 HRP 模块提交的数据进行解析，并加入防火墙的动态运行数据池中。其主要包含以下内容。

（1）备份内容：要备份的连接状态数据包括 TCP/UDP 的会话表、Server Map 表项、动态黑名单、无端口地址转换（No-Port Address Translation，No-PAT）表项、ARP 表项等。

（2）备份方向：由 VGMP 组状态为 Active 的主用防火墙向对端备用防火墙进行备份。

（3）备份通道：一般情况下，将两台设备上直连的端口作为备份通道，有时也称为心跳线（VGMP 组也通过该通道进行通信）。

2. HRP 心跳口

两台防火墙之间备份的数据是通过心跳口发送和接收的，即是通过心跳链路（备份通道）传输的。

心跳口必须是状态独立且具有 IP 地址的接口，可以是一个物理接口（GE 接口），也可以是为了增加带宽由多个物理接口捆绑而成的一个逻辑接口（Eth-Trunk），如图 8-7 所示，

图 8-7　心跳口类型

通常情况下，备份数据流量为业务流量的 20% ~ 30%，可以根据备份数据量的大小选择捆绑物理接口的数量。

HRP 心跳口共有 5 种状态，如图 8-8 所示。

图 8-8　心跳口的状态

（1）invalid：当本端防火墙上的心跳口配置错误时显示此状态［如物理状态启用（up），协议状态关闭（down）］，如指定的心跳口为二层接口或未配置心跳口的 IP 地址。

（2）down：当本端防火墙上的心跳口的物理与协议状态均为 down 时会显示此状态。

（3）peerdown：当本端防火墙上的心跳口的物理与协议状态均为 up 时，心跳口会向对端对应的心跳口发送心跳链路探测报文。如果收不到对端响应的报文，那么防火墙会设置心跳口状态为 peerdown。但是，心跳口仍会不断发送心跳链路探测报文，以便对端的对应心跳口状态为 up 后，该心跳链路能处于连通状态。

（4）ready：当本端防火墙上的心跳口的物理与协议状态均为 up 时，心跳口会向对端对应的心跳口发送心跳链路探测报文。如果对端心跳口能够响应此报文（也发送心跳链路探测报文），那么防火墙会设置本端

心跳口状态为 ready，随时准备发送和接收心跳报文。这时心跳口依旧会不断发送心跳链路探测报文，以保证心跳链路的状态正常。

（5）running：当本端防火墙有多个处于 ready 状态的心跳口时，防火墙会选择最先配置的心跳口形成心跳链路，并设置此心跳口的状态为 running。如果只有一个处于 ready 状态的心跳口，那么它自然会成为状态为 running 的心跳口。状态为 running 的接口负责发送 HRP 心跳报文、HRP 数据报文、HRP 链路探测报文、VGMP 报文和一致性检查报文。这时，其余处于 ready 状态的心跳口处于备份状态。当处于 running 状态的心跳口或心跳链路故障时，其余处于 ready 状态的心跳口依次（按配置先后顺序）接替当前心跳口处理业务。

综上所述，心跳链路探测报文的作用是检测对端设备的心跳口能否正常接收本端设备的报文，以确定心跳链路是否可用。只要本端心跳口的物理与协议状态为 up，就会向对端心跳口发送心跳链路探测报文进行探测。而前面讲到的 HRP 心跳报文用于探测和感知对端设备（VGMP 组）是否正常工作，它由主用设备的 VGMP 组通过状态为 running 的心跳口发出。

微课视频

8.1.5　双机热备的备份方式

双机热备的备份方式有自动备份、手工批量备份、会话快速备份、设备重启后主/备防火墙的配置自动同步 4 种方式，如图 8-9 所示。

1. 自动备份

自动备份功能默认为开启状态，能够自动实时备份配置命令和周期性备份状态信息，适用于各种双机热备组网。

启用自动备份功能后，在一台防火墙上每执行一条可以备份的配置命令，此配置命令就会被立即同步备份到另一台防火墙上。默认情况下，除 save 命令外可以备份的配置命令只能在一台设备上执行，该设备为配置主用设备，另一台设备为配置备用设备。如果希望配置备用设备也能执行可以备份的配置命令，可以在配置主用设备或配置备用设备上执行 hrp standby config enable 命令。

图 8-9　双机热备的备份方式

启用自动备份功能后，主用设备会周期性地将可以备份的状态信息备份到备用设备上，即主用设备的状态信息建立后不会立即备份，而是在建立一段时间（10s 左右）后才会备份到备用设备。

自动备份不会备份以下类型的会话。

（1）到防火墙自身的会话，如管理员登录防火墙时产生的会话。

（2）未完成三次握手的 TCP 半连接会话（会话快速备份支持备份此会话）。

（3）只为 UDP 首包创建，而不被后续包匹配的会话（会话快速备份支持备份此会话）。

2. 手工批量备份

手工批量备份需要管理员手工触发，每执行一次手工批量备份命令，设备间就会立即同步一次配置命令和状态信息。因此，手工批量备份主要适用于设备之间配置不同步、需要手工同步的场景。

执行手工批量备份命令后，执行命令的设备会立即同步一次可以备份的配置命令到另一台设备。

执行手工批量备份命令后，主用设备会立即同步一次可以备份的状态信息到备用设备，而不必等到自动备份周期的到来。

3. 会话快速备份

会话快速备份功能适用于负载分担的工作方式，以应对报文来回路径不一致的场景。负载分担组网下，由于两台防火墙都是主用设备，都能转发报文，因此可能存在报文来回的路径不一致的情况，即来回两个方向的报文分别从不同的防火墙经过。这时如果两台防火墙的会话没有及时相互备份，则回程报文会因为没有匹配到会话表项而被丢弃，从而导致业务中断。所以，为防止上述现象发生，需要在负载分担组网下配置会话快速备份功能，使两台防火墙能够实时地相互备份会话，使回程报文能够查找到相应的会话表项，从而保证内外部用户的业务不中断。

启用会话快速备份功能后，主用设备会实时将可以备份的会话（包括上面提到的自动备份不支持的会话）都同步到备用设备上，即在主用设备会话建立时立即将其实时备份到备用设备。

4. 设备重启后主/备防火墙的配置自动同步

双机热备组网中，如果一台防火墙重启，重启期间业务都将由另一台防火墙承载。在此期间，承载业务的防火墙上可能会新增、删除或修改配置。为了保证主/备防火墙配置一致，在防火墙重启完成后，会自动与当前承载业务的防火墙进行一次配置同步。

配置同步仅同步支持备份的配置，如安全策略、NAT 策略等；不支持备份的配置，则不会被同步，如OSPF、边界网关协议（Border Gateway Protocol，BGP）等。

配置同步需要一定的时间。同步的时间与配置量有关，配置量越大，同步配置所需时间也越长，最长可能需要 1 个小时。在配置同步期间，防火墙上无法执行支持备份的配置命令。

8.2　双机热备基本组网与配置

8.2.1　双机热备基本组网

在双机热备基本组网中，上下行业务接口工作在三层，连接二层设备时，需要在上下行的业务接口上配置 VRRP 备份组，使 VRRP 管理组能够通过 VRRP 备份组监测三层业务接口，如图 8-10 所示。

图 8-10　双机热备基本组网

双机热备组网最常见的是防火墙采用路由模式，下行交换机双线上联到防火墙，正常情况下 USG_A 作为主用设备，当 USG_A 上行或下行链路状态为 down 时，USG_B 自动切换为主用设备，交换机流量走向 USG_B。

8.2.2　VRRP 备份组配置命令（CLI 模式）

1. 接口视图下配置 VRRP 备份组

（1）vrrp vrid virtual-router-ID virtual-ip virtual-address [ip-mask | ip-mask-length] { active | standby }：执行此命令时，指定 active 或 standby 参数后，即将该 VRRP 备份组加入了状态为 Active 或 Standby 的 VGMP 组。

每个普通物理接口（GigabitEthernet 接口）下最多配置 255 个 VRRP 备份组。

（2）vrrp vrid virtual-router-ID timer advertise adver-interval：此命令用于在接口视图下修改 VRRP 报文发送时间。状态为 Active 的管理组默认情况下会每隔 1 秒发送一次 VRRP 报文，可以在接口视图下调整 VRRP 报文发送间隔。

（3）vrrp vrid virtual-router-id ip-link link-id：此命令在接口视图下配置 Ip-Link，VRRP 也可以与 Ip-Link 进行配合，在上行链路断掉后，使 VRRP 能够进行主/备切换。

（4）hrp preempt [delay interval]：此命令配置 VGMP 组的抢占延迟时间。默认情况下，VGMP 组的抢占功能为启用状态，抢占延迟时间为 60 秒。

2. VRRP 备份组配置举例

（1）USG_A 关于 VRRP 备份组 1 的配置。

```
[USG_A]interface GigabitEthernet 1/0/1
[USG_A-GigabitEthernet 1/0/1 ]ip address 10.2.0.1 24
[USG_A-GigabitEthernet 1/0/1 ]vrrp vrid 1 virtual-ip 1.1.1.1 255.255.255.0 active
```

（2）USG_B 关于 VRRP 备份组 1 的配置。

```
[USG_B]interface GigabitEthernet 1/0/1
[USG_B-GigabitEthernet1/0/1 ]ip address 10.2.0.2 24
[USG_B-GigabitEthernet 1/0/1 ]vrrp vrid 1 virtual-ip 1.1.1.1 255.255.255.0 standby
```

（3）USG_A 关于 VRRP 备份组 2 的配置。

```
[USG_A]interface GigabitEthernet 1/0/3
[USG_A-GigabitEthernet 1/0/3 ]ip address 10.3.0.1 24
[USG_A-GigabitEthernet 1/0/3 ]vrrp vrid 2 virtual-ip 10.3.0.3 active
```

（4）USG_B 关于 VRRP 备份组 2 的配置。

```
[USG_B]interface GigabitEthernet 1/0/3
[USG_B-GigabitEthernet 1/0/3 ]ip address 10.3.0.2 24
[USG_B-GigabitEthernet 1/0/3 ]vrrp vrid 2 virtual-ip 10.3.0.3 standby
```

8.2.3　HRP 配置命令（CLI 模式）

1. 配置基础知识

在配置 HRP 时，两台 USG 心跳口的接口类型和编号必须相同，且心跳口不能为二层以太网接口。USG 支持使用 Eth-Trunk 接口作为心跳口，既提高了可靠性，又增加了备份通道的带宽。主/备 USG 的心跳口可以直接相连，也可以通过中间设备（如交换机或路由器）连接。当心跳口通过中间设备相连时，需要配置 remote 参数来指定对端 IP 地址。

两台设备启用备用防火墙 HRP 备份功能之后，会进行配置主/备状态的协商，最后得到一个配置主用设备（显示时以 HRP_A 表示）、一个配置备用设备（显示时以 HRP_S 表示）。两端首次协商出配置主/备用设备后，配置主用设备将向配置备用设备备份配置和连接状态等信息。

允许配置备用设备执行可以备份的配置命令后，所有可以备份的配置命令都可以直接在配置备用设备上执行，且配置备用设备上的配置可以同步到配置主用设备。如果配置主/备用设备上都进行了某项配置，则后配置的信息会覆盖先配置的信息。

USG 工作于负载分担组网时，报文来回的路径可能会不一致，因此必须启用会话快速备份功能，使一台 USG 的会话信息立即同步至另一台 USG，以保证内外部用户的业务不中断。

2. 配置关键点

（1）指定心跳口。

```
hrp interface interface-type interface-number [ remote { ip-address | ipv6-
address } ]
```

（2）启用 HRP 备份功能。

```
hrp enable
```

（3）允许配置备用设备执行可以备份的配置命令。

```
hrp standby config enable
```

（4）启用配置与状态信息的自动备份。

```
hrp auto-sync [ config | connection-status]
```

（5）启用会话快速备份。

```
hrp mirror session enable
```

3. HRP 配置举例

（1）USG_A 关于 HRP 的配置。

```
[USG_A]hrp enable：启用 HRP 备份功能。
```

```
[USG_A]hrp mirror session enable：启用会话快速备份功能。
[USG_A]hrp interface GigabitEthernet 1/0/6：指定心跳口为G1/0/6。
```
（2）USG_B 关于 HRP 的配置。
```
[USG_B]hrp enable
[USG_B]hrp mirror session enable
[USG_B]hrp interface GigabitEthernet 1/0/6
```
4. 状态查询
（1）查看 VRRP 状态。查看处于 VRRP 备份组中的接口状态信息的示例代码如下。
```
HRP_A<USG_A>display vrrp interface G1/0/3
GigabitEthernet1/0/3 | Virtual Router 2
    VRRP Group : Active
    state : Active
    Virtual IP : 10.3.0.3
    Virtual MAC : 0000-5e00-0102
    Primary IP : 10.3.0.1
    PriorityRun : 120
    PriorityConfig:100
    MasterPriority : 120
    Preempt : YES   Delay Time : 0
    Advertisement Timer : 1
    Auth Type : NONE
    Check TTL : YES
```
（2）查看 HRP 状态。查看配置主防火墙的状态信息的代码如下。
```
HRP_A<USG_A>dis hrp state
The firewall's config state is: ACTIVE
 Current state of virtual routers configured as active:
 GigabitEthernet1/0/1   vrid  1 : active
 GigabitEthernet1/0/3   vrid  2 : active
```
查看配置备防火墙的状态信息的代码如下。
```
HRP_S[USG_B] display hrp state
The firewall's config state is: Standby
Current state of virtual routers configured as standby:
GigabitEthernet1/0/1   vrid  1 : standby
GigabitEthernet1/0/3   vrid  2 : standby
```

8.2.4　双机热备配置（Web 模式）

（1）选择"系统">"高可靠性">"双机热备">"配置"进行双机热备相关配置，如图 8-11 所示。

图 8-11　双机热备配置界面

单击"配置"按钮，对主用设备进行配置。在"配置虚拟 IP 地址"下单击"新建"按钮，建立相应 VRRP 备份组。在该界面中还可以配置 HRP 的基本参数，以及对接口、VLAN、IP-Link、双向转发检测（Bidirectional Forwarding Detection，BFD）的监视。

① 双机热备主用设备配置如图 8-12 所示。

图 8-12　双机热备主用设备配置

② 双机热备备用设备配置如图 8-13 所示。

图 8-13　双机热备备用设备配置

（2）查看双机热备历史切换信息，如图 8-14 所示。在"双机热备"界面单击"详细"按钮，可以查看双机热备主备切换信息。

图 8-14　查看双机热备主备切换信息

（3）做一致性检查。单击"一致性检查"按钮，可以对主/备防火墙的配置做一致性检查，如图 8-15 所示。

图 8-15　对配置做一致性检查

（4）查看双机热备状态信息，如图 8-16 所示。在"双机热备"界面确认运行模式、运行角色和 VRRP 备份组的状态信息。

图 8-16　查看双机热备状态信息

综合实验

实验内容：防火墙直路部署，上下行连接交换机的主备备份组网。

1. 实验组网需求与目的

（1）组网需求。

企业的两台防火墙的业务接口都工作在三层，上下行分别连接二层交换机。上行交换机连接运营商的接入点，运营商为企业分配的 IP 地址为 2.2.2.1。现在希望两台防火墙以主备备份方式工作。正常情况下，流量通过 USG6000V-1 转发。当 USG6000V-1 出现故障时，流量通过 USG6000V-2 转发，从而保证业务不中断。

（2）组网目的。

① 理解双机热备的基本原理。

② 理解 VGMP 和 HRP。

③ 掌握通过 CLI 和 Web 模式配置防火墙双机热备。

2. 实验拓扑图

实验拓扑图如图 8-17 所示。

图 8-17　防火墙双机热备实验拓扑图

3. 实验规划

USG6000V 作为安全设备被部署在业务节点上。其中，上下行设备均是交换机（Switch），USG6000V-1、USG6000V-2 以主备备份方式工作。端口地址和区域划分如表 8-1 所示。

表 8-1　端口地址和区域划分

设备名称	接口	IP 地址	安全区域
USG6000V-1	G1/0/1	10.1.2.1	信任区域
	G1/0/3	30.1.1.1	隔离区域
	G1/0/4	40.1.1.1	非信任区域
USG6000V-2	G1/0/1	10.1.2.2	信任区域
	G1/0/3	30.1.1.2	隔离区域
	G1/0/4	40.1.1.2	非信任区域
PC1	E0/0/1	10.1.2.100	信任区域
PC2	E0/0/2	2.2.2.2	非信任区域

4. 实验任务列表（表 8-2）

表 8-2　实验任务列表

序号	任务	子任务	任务说明
1	配置基础数据	配置安全区域	将各接口划入安全区域
2	配置双机热备	配置双机热备	配置双机热备模式为主备模式，FW1 为主，FW2 为备
		配置虚拟 IP 地址	配置 VRRP 备份组 1 和备份组 2
3	配置安全策略	放行域间转发安全策略	配置允许信任区域到非信任区域的域间转发的安全策略

5. 实验配置思路

（1）配置基本的 IP 地址和所属安全区域，并且放行对应安全策略。

（2）进行双机热备配置，备份方式为主/备备份，USG6000V–1 为主用设备，USG6000V–2 为备用设备。

微课视频

6. 配置步骤（CLI 模式）

（1）完成 USG6000V–1 上下行业务接口的配置。配置各接口 IP 地址并加入相应安全区域。

```
<USG6000V-1> system-view
[USG6000V-1] interface GigabitEthernet 1/0/1
[USG6000V-1-GigabitEthernet1/0/1] ip address 10.1.2.1 255.255.255.0
[USG6000V-1-GigabitEthernet1/0/1] quit
[USG6000V-1] interface GigabitEthernet 1/0/4
[USG6000V-1-GigabitEthernet1/0/3] ip address 40.1.1.1 255.255.255.0
[USG6000V-1-GigabitEthernet1/0/3] quit
[USG6000V-1] firewall zone trust
[USG6000V-1-zone-trust] add interface GigabitEthernet 1/0/1
[USG6000V-1-zone-trust] quit
[USG6000V-1] firewall zone untrust
[USG6000V-1-zone-untrust] add interface GigabitEthernet 1/0/4
[USG6000V-1-zone-untrust] quit
```

（2）配置接口 GigabitEthernet 1/0/1 的 VRRP 备份组 1，并加入状态为 Active 的 VGMP 组。

```
[USG6000V-1] interface GigabitEthernet 1/0/4
[USG6000V-1-GigabitEthernet1/0/1] vrrp vrid 1 virtual-ip 2.2.2.1 255.255.255.0 active
[USG6000V-1-GigabitEthernet1/0/1] quit
```

（3）配置接口 GigabitEthernet 1/0/3 的 VRRP 备份组 2，并加入状态为 Active 的 VGMP 组。

```
[USG6000V-1] interface GigabitEthernet 1/0/1
[USG6000V-1-GigabitEthernet1/0/3] vrrp vrid 2 virtual-ip 10.1.2.3 active
[USG6000V-1-GigabitEthernet1/0/3] quit
```

（4）完成 USG6000V–1 的心跳线配置，配置 GigabitEthernet1/0/3 的 IP 地址。

```
[USG6000V-1] interface GigabitEthernet1/0/3
[USG6000V-1-GigabitEthernet1/0/3] ip address 30.1.1.1 255.255.255.0
[USG6000V-1-GigabitEthernet1/0/3] quit
```

（5）配置 GigabitEthernet1/0/3 加入隔离区域。

```
[USG6000V-1]firewall zone dmz
[USG6000V-1-zone-dmz]add interface GigabitEthernet1/0/3
[USG6000V-1-zone-dmz]quit
```

指定 GigabitEthernet1/0/3 为心跳口。

```
[USG6000V-1] hrp interface GigabitEthernet1/0/3
```

（6）配置信任区域和非信任区域的域间转发策略。

```
HRP_A[USG6000V-1]security-policy
HRP_A[USG6000V-1-policy-security] rule name policy_sec
HRP_A[USG6000V-1-policy-security-rule-policy_sec] source-zone trust HRP_A[USG6000V-1-policy-
security-rule-policy_sec] destination-zone untrust
HRP_A[USG6000V-1-policy-security-rule-policy_sec] action permit
HRP_A[USG6000V-1-policy-security-rule-policy_sec] quit
```

（7）启用 HRP 备份功能。

```
[USG6000V-1] hrp enable
```

（8）配置 USG6000V-2。USG6000V-2 和 USG6000V-1 的配置基本相同，不同之处如下。

① USG6000V-2 各接口的 IP 地址与 USG6000V-1 各接口的 IP 地址不同。

② USG6000V-2 的业务接口 GigabitEthernet1/0/1 和 GigabitEthernet1/0/4 加入状态为 Standby 的 VGMP 组。

（9）配置交换机。分别将两台交换机的 3 个接口加入同一个 VLAN，默认即可，如需配置请参考交换机的相关文档。

7. 配置步骤（Web 模式）

（1）完成 USG6000V-1 防火墙接口配置。

选择"网络">"接口"，单击需要配置接口后面的配置按钮 ，依次选择或输入各项参数，完成 GigabitEthernet1/0/1 接口配置，如图 8-18 所示，单击"确定"按钮。

图 8-18　GigabitEthernet1/0/1 接口配置

GigabitEthernet1/0/3 的配置与 GigabitEthernet1/0/1 类似。

（2）完成 USG6000V-1 防火墙 VRRP 备份组 1 和 VRRP 备份组 2 的配置。

选择"系统">"高可靠性">"双机热备"，单击"配置"按钮，选中"启用"复选框，按图 8-19 所示进行参数配置。

图 8-19　热备参数配置

USG6000V-2 防火墙的配置与 USG6000V-1 防火墙基本一致，此处不再赘述。

在"双机热备"界面可以查看双机热备的状态信息，如图 8-20 所示。

图 8-20　双机热备的状态信息

（3）配置 USG6000V-1 防火墙域间转发策略。

选择"策略">"安全策略">"安全策略"，在"安全策略列表"中单击"新建"按钮，依次输入或选择各项参数，如图 8-21 所示。单击"确定"按钮，完成信任区域（trust）与非信任区域（untrust）间的转发策略，如图 8-22 所示。

图 8-21　热备策略配置

图 8-22　热备策略配置结果

8. 结果验证

（1）查看 VRRP 信息。在 USG6000V-1 上执行 display vrrp 命令，检查 VRRP 备份组内接口的状态信息，显示以下信息表示 VRRP 备份组建立成功。

```
HRP_A<USG6000V-1>display vrrp
  GigabitEthernet1/0/4 | Virtual Router 1
    State : Master
    Virtual IP : 2.2.2.1
```

```
   Master IP : 40.1.1.1
   PriorityRun : 120
   PriorityConfig : 100
   MasterPriority : 120
   Preempt : YES   Delay Time : 0 s
   TimerRun : 60 s
   TimerConfig : 60 s
   Auth type : NONE
   Virtual MAC : 0000-5e00-0101
   Check TTL : YES
   Config type : vgmp-vrrp
  Backup-forward : disabled

GigabitEthernet1/0/1 | Virtual Router 2
   State : Master
   Virtual IP : 10.1.2.3
   Master IP : 10.1.2.1
   PriorityRun : 120
   PriorityConfig : 100
   MasterPriority : 120
   Preempt : YES   Delay Time : 0 s
   TimerRun : 60 s
   TimerConfig : 60 s
   Auth type : NONE
   Virtual MAC : 0000-5e00-0102
   Check TTL : YES
   Config type : vgmp-vrrp
   Backup-forward : disabled
```

（2）查看 HRP 信息。在 USG6000V-1 上执行 display hrp state 命令，检查当前 HRP 的状态，显示以下信息表示 HRP 建立成功。

```
HRP_A<USG6000V-1>display hrp state
The firewall's config state is: ACTIVE
 Current state of virtual routers configured as active:
 GigabitEthernet1/0/1   vrid   2 : active
 GigabitEthernet1/0/4   vrid   1 : active
```

（3）查看 USG6000V-1 会话。在处于信任区域的 PC1 端 ping VRRP 备份组 2 的虚拟 IP 地址 10.1.2.3，在 USG6000V-1 上检查会话。

```
HRP_A<USG6000V-1>display firewall session table
Current Total Sessions : 1
 icmp  VPN:public --> public 10.1.2.100:1-->10.1.2.3:2048
```

可以看出 VRRP 组配置正确后，在 PC1 端能够 ping 通 VRRP 备份组 2 的虚拟 IP 地址。

（4）在 USG6000V-1 和 USG6000V-2 上检查会话。PC2 作为服务器位于非信任区域。在信任区域的 PC1 端能够 ping 通非信任区域的服务器。分别在 USG6000V-1 和 USG6000V-2 上检查会话。

```
HRP_A<USG6000V-1>display firewall session table
Current Total Sessions : 1
 icmp  VPN:public --> public 10.1.2.100:1-->2.2.2.2:2048
HRP_S<USG6000V-2>display firewall session table
Current Total Sessions : 1
 icmp  VPN:public --> public  Remote 10.1.2.100:1-->2.2.2.2:2048
```

可以看出 USG6000V-2 上存在带有 Remote 标记的会话，表示配置双机热备功能后，会话备份成功。

在 PC1 上执行 ping 2.2.2.2 -t，然后将 USG6000V-1 防火墙 G1/0/1 接口网线拔出，观察防火墙状态切换及 ping 包丢包情况；再将 USG6000V-1 防火墙 G1/0/1 接口网线恢复，观察防火墙状态切换及 ping 包丢包情况。

本章小结

本章主要讲述了双机热备技术原理、双机热备基本组网与配置，通过实现不同的配置，读者能够更好地理解双机热备的意义。

📝 课后习题

1. HRP 技术可以实现备用防火墙，不需要配置任何信息，所有配置信息均由主用防火墙通过 HRP 同步至备用防火墙，且重启后配置信息不丢失。（   ）

    A. 正确   B. 错误

2. 在防火墙做双机热备组网时，为实现备份组整体状态切换，需要使用（   ）技术。

    A. VGMP   B. VRRP   C. HRP   D. OSPF

3. 关于防火墙双机热备描述正确的是（   ）。

    A. 当防火墙上多个区域需要提供双机备份功能时，需要在一台防火墙上配置 VRRP 备份组

    B. 要求在同一台防火墙上同一 VGMP 组中所有 VRRP 备份组状态应保持一致

    C. 在进行防火墙双机热备时，会话表、MAC 表、路由表等信息会在主用设备和备用设备间同步备份

    D. VGMP 是为了保证所有 VRRP 备份组切换的一致性

4. 防火墙双机热备需要具备的条件不包括（   ）。

    A. 防火墙硬件型号一致   B. 防火墙软件版本一致

    C. 使用的接口类型及编号一致   D. 防火墙接口 IP 地址一致

第 9 章

防火墙用户管理

知识目标

① 了解 AAA 技术基本知识。

② 掌握用户认证技术。

能力目标

学会用户认证管理配置。

素质拓展

坚持正确舆论导向,高度重视传播手段建设和创新,提高新闻舆论传播力、引导力、影响力、公信力。加强互联网内容建设,建立网络综合治理体系,营造清朗的网络空间。

课程导入

小安在一家信息科技公司担任信息安全工程师,公司在互联网出口处部署了一台华为 USG6000V 防火墙。为了保护公司内部用户的网络安全,根据公司的组织架构,小安将公司的用户分成了不同的类别,利用防火墙用户管理功能为不同类别的用户配置不同级别的安全策略,从而最大限度地保证了公司网络信息安全。

相关内容

9.1 用户认证和 AAA 技术原理

9.1.1 用户认证的背景

在常见的企业网络环境中，网络安全威胁多来源于应用层，如图 9-1 所示。这也迫使企业对网络访问控制提出了更高的要求，如何精确地识别出用户、保证用户的合法应用正常进行、阻断用户有安全隐患的应用等问题已成为现阶段企业对网络安全关注的焦点。但 IP 地址不等于用户、端口不等于应用，传统防火墙基于 IP 地址/端口的五元组访问控制策略已不能有效地应对现阶段网络环境的巨大变化。

图 9-1 企业网络安全威胁

9.1.2 AAA 概述

AAA 其实是 Authentication（认证）、Authorization（授权）、Accounting（计费）这 3 个单词首字母的组合。当用户访问 Internet 资源时，首先使用 Authentication 技术，输入用户名和密码；通过认证后，通过 Authorization 技术授权不同用户访问的资源，如可以访问百度；在用户访问期间，通过 Accounting 技术记录所做的操作和时长，如图 9-2 所示。

微课视频

图 9-2 AAA

1. 认证

认证是指通过一定的手段完成对用户身份的确认，包括用户所知道的信息、所拥有的东西、独一无二的身体特征等。

认证的方式有很多，如图 9-3 所示。

这么多认证方式，一般可以分为以下 3 类。

（1）我知道：用户所知道的信息［如密码、个人识别号（Personal Identification Number，PIN）等］。

（2）我拥有：用户所拥有的信息（如令牌卡、智能卡或银行卡等）。

（3）我具有：用户所具有的生物特征（如指纹、声音、视网膜、DNA 等）。

图 9-3　认证方式

2. 授权

授权用户能访问哪些资源，授权用户可以使用哪些业务，如图 9-4 所示。

同时，还可授权用户使用哪些命令，例如，可以使用 display 命令，不能使用 delete、copy 命令。

3. 计费

计费的含义主要有 3 个：用户用了多长时间、用户花了多少钱、用户做了哪些操作。图 9-5 为一种典型的流量计费方式。

图 9-4　不同用户的授权

图 9-5　流量计费方式

4. AAA 认证的几种方式

（1）不认证：对用户非常信任，不对其进行合法检查，一般情况下不采用这种方式。

（2）本地认证：将用户信息（包括本地用户的用户名、密码和各种属性）配置在网络接入服务器上。本地认证的优点是速度快，可以为运营降低成本；缺点是存储信息量受设备硬件条件限制。

（3）服务器认证：将用户信息（包括本地用户的用户名、密码和各种属性）配置在认证服务器上。AAA 支持通过远程用户拨号认证服务（Remote Authentication Dial In User Service，RADIUS）协议或华为终端访问控制器控制系统（Huawei Terminal Access Controller Access Control System，HWTACACS）协议进行远端认证。

9.1.3　RADIUS 协议

AAA 可以用多种协议来实现，最常用的是 RADIUS 协议。RADIUS 广泛应用于网络接入服务器（Network Access Server，NAS）系统。NAS 负责把用户的认证和计费信息传递给 RADIUS 服务器。RADIUS 协议规定了 NAS 与 RADIUS 服务器之间如何传递用户信息和计费信息及认证和计费结果，RADIUS 服务器负责接收用户的连接请求，完成认证，并把结果返回给 NAS。

RADIUS 使用 UDP 作为传输协议，具有良好的实时性；同时也支持重传机制和备用服务器机制，从而具有较好的可靠性。

1. RADIUS 客户端与服务器间的消息流程

RADIUS 客户端与服务器间的消息流程如图 9-6 所示。

图 9-6　RADIUS 客户端与服务器间的消息流程

用户登录 USG 或接入服务器等网络设备时，会将用户名和密码发送给该 NAS。

该网络设备中的 RADIUS 客户端（NAS）接收用户名和密码，并向 RADIUS 服务器发送认证请求。

RADIUS 服务器接收到合法的请求后，完成认证，并把所需的用户授权信息返回给客户端；对于非法的请求，RADIUS 服务器会将认证失败的信息返回给客户端。

RADIUS 服务器通过建立一个唯一的用户数据库来存储用户名、密码，从而实现对用户进行验证。

2. RADIUS 的报文结构

RADIUS 的报文结构如图 9-7 所示。

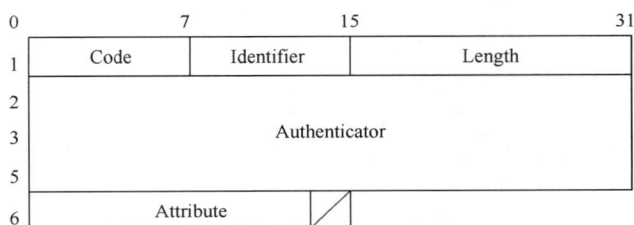

图 9-7　RADIUS 的报文结构

3. RADIUS 报文交互流程

RADIUS 报文交互流程如图 9-8 所示。

图 9-8　RADIUS 报文交互流程

9.1.4　HWTACACS 协议

HWTACACS 协议是在终端访问控制器接入控制系统（Terminal Access Controller Access Control System，TACACS）协议（IEFE 颁布的 RFC 1492）的基础上升级了功能的安全协议。HWTACACS 协议与 RADIUS 协议的功能类似，采用客户端/服务器模式实现 NAS 与 HWTACACS 服务器（兼容思科公司的 TACACS+服务器）之间的通信。

HWTACACS 的典型应用是对需要登录到设备上进行操作的终端用户进行认证、授权、计费。设备作为 HWTACACS 的客户端，将用户名和密码发给 HWTACACS 服务器进行验证；用户验证通过并得到授权之后可以登录到设备上进行操作，其工作流程如图 9-9 所示。

图 9-9　HWTACACS 工作流程

虽然 HWTACACS 与 RADIUS 功能类似，但两者仍有所不同，如表 9-1 所示。

表 9-1　HWTACACS 协议与 RADIUS 协议的比较

项目	说明	
	HWTACACS	RADIUS
端口使用	使用 TCP	使用 UDP，认证和授权端口号是 1812 和 1813 或 1645 和 1646
加密情况	除了标准的 HWTACACS 报文头外，对报文主体全部进行加密	只对认证报文中的密码字段进行加密
认证和授权	认证与授权分离	认证与授权一起处理
应用	适于进行安全控制	适于进行计费
配置命令授权	支持对配置命令进行授权	不支持对配置命令进行授权

9.1.5　LDAP

轻量级目录访问协议（Lightweight Directory Access Protocol，LDAP）是从 X.500 目录访问协议的基础上发展而来的，X.500 是层次型的，所有对象被组织成树状结构。X.500 目录服务可实现身份认证、访问控制。LDAP 简化了 X.500 目录的复杂度，同时适应 Internet 的需要。

目录服务是由目录数据库和一套访问协议组成的系统，以下信息均适合储存在目录中。

（1）企业员工信息，如姓名、邮箱、手机号码等。

（2）公司设备的物理信息，如 IP 地址、放置位置、厂商、购买时间等。

（3）公用证书和安全密钥。

LDAP 具有如下特点。

（1）目录方式组织数据。

（2）对外提供一个统一的访问点。

（3）支持分布式数据存储。

（4）优化查询，读取数据较快。

在 LDAP 中，信息以树状方式组织，基本数据单元是条目（Entry），而每个条目由属性（Attribute）构成，属性由类型（Type）和一个或多个值（Value）组成，具体如下。

（1）目录信息树（Directory Information Tree，DIT）：目录条目的集合。

（2）条目：目录信息树中的一个节点，是目录信息中最基本的单位，由一系列属性构成。

（3）属性：用于描述对象的特征，一个属性由属性类型和一个或多个属性值构成。

（4）相对标识名（Relative Distinguished Name，RDN）：条目的名字，唯一标识同一父条目的子条目。

（5）唯一标识名（Distinguished Name，DN）：在一个目录信息树中唯一标识一个条目的名字。

DN 有 3 个属性，分别是 DC（Domain Component，域名组件）、CN（Common Name，通用名称，一般为用户名或计算机名）和 OU（Organizational Unit，组织单位）。例如，CN=admin，OU=guest，DC=domainname，DC=com。

在上述代码中，CN=admin 可能代表一个用户名，OU=guest 代表一个 active directory 中的组织单位。上述代码表示 admin 这个对象处在 domainname.com 域的 guest 组织单元中。

LDAP 认证流程如图 9-10 所示。

图 9-10 LDAP 认证流程

9.1.6 用户认证分类

AAA 技术为用户认证提供手段，用户认证可分为以下几类。

1. 本地认证

访问者通过 Portal 认证页面将标识其身份的用户名和密码发送给防火墙，防火墙中存

微课视频

储了密码，验证过程在防火墙进行，该方式称为本地认证。

2. 服务器认证

访问者通过 Portal 认证页面将标识其身份的用户名和密码发送给防火墙，防火墙中没有存储密码，防火墙将用户名和密码发送至第三方认证服务器，验证过程在认证服务器上进行，该方式称为服务器认证。

3. 单点登录

访问者将标识其身份的用户名和密码发送给第三方认证服务器，认证通过后，第三方认证服务器将访问者的身份信息发送给防火墙。防火墙只记录访问者的身份信息，不参与认证过程，该方式称为单点登录（Single Sign-On）。

4. 短信认证

访问者通过 Portal 认证页面获取短信验证码，然后输入短信验证码即通过认证；防火墙通过校验短信验证码认证访问者。

9.2　用户认证管理及应用

9.2.1　用户组织架构及分类

1. 用户管理

用户管理将用户分为不同的用户组，通过用户认证为用户打上标签，并且为用户组赋予不同的权限和应用，从而确保网络安全，如图 9-11 所示。

图 9-11　用户（组）应用标签策略

2. 用户组织架构

用户是网络访问的主体，是防火墙进行网络行为控制和网络权限分配的基本单元。用户组织架构中涉及以下 3 个概念。

（1）认证域：用户组织结构的容器，防火墙默认存在 default 认证域，用户可以根据需求新建认证域。

（2）用户组/用户：用户按树状结构组织，用户隶属于组（部门）。管理员可以根据企业的组织结构创建部门和用户。

（3）安全组：横向组织结构的跨部门群组。当需要基于部门以外的维度对用户进行管理时可以创建跨部门的安全组，如企业中跨部门成立的群组。

当企业通过第三方认证服务器存储组织结构时，服务器上也存在类似的横向群组。为了基于这些群组配置策略，防火墙上也需要创建安全组，从而与服务器上的组织结构保持一致。

3. 组织结构管理

系统有一个默认认证域，每个用户组可以包括多个用户和用户组。每个用户组只能属于一个父用户组，每个用户至少属于一个用户组，也可以属于多个用户组，如图 9-12 所示。

图 9-12　组织结构

认证域主要具有如下特点。

（1）认证域是认证流程中的重要环节，认证域上的配置决定了用户的认证方式和用户的组织结构。

（2）对于采用不同认证方式的用户，认证域的作用不尽相同。

（3）防火墙通过识别用户名中包含的认证域将所有待认证的用户"分流"到对应的认证域中，根据认证域上的配置对用户进行认证。

为了对不同的用户或部门进行差异化管理，为他们分配不同的权限，需要对组织结构进行规划和管理。防火墙支持创建树状的组织结构，这种结构与通常的行政架构比较类似，非常便于规划和管理。

每个用户（组）可以被安全策略、限流策略等引用，从而实现基于用户的权限和带宽资源控制。

如果管理员使用默认的 default 认证域对用户进行认证，用户登录时只需要输入用户名即可；如果管理员使用新创建的认证域对用户进行认证，则用户登录时需要输入"用户名@认证域名"。

4. 用户分类

（1）管理员用户。管理员主要为了实现对设备的管理、配置和维护，登录方式可以分为 Console、Web、Telnet、FTP、SSH。

（2）上网用户。上网用户是网络访问的标识主体，是设备进行网络权限管理的基本单元。设备通过对访问网络的用户进行身份认证，从而获取用户身份，并针对用户身份进行相应的策略控制。

（3）接入用户。接入用户主要为了实现访问内部网络，主要方式包括通过 SSL VPN 接入设备后访问网络资源、通过二层隧道协议（Layer2 Tunneling Protocol，L2TP）VPN 接入设备后访问网络资源、通过 IPSec VPN 接入设备后访问网络资源、通过基于以太网的点对点协议（Point to Point Protocol over Ethernet，PPPoE）接入设备后访问网络资源。

9.2.2　管理员认证流程和配置

1. 管理员登录方式

管理员登录方式如下。

（1）Console 接口管理。Console 接口提供命令行方式对设备进行管理，通常用于设备的初次配置时，或者设备配置文件丢失及没有任何配置时。当设备系统无法启动时，可通过 Console 接口进行诊断或引导只读存储器（Boot Read-Only Memory，BootRom）进行升级。

（2）Web 页面管理。终端可通过 HTTP/HTTPS 方式登录到设备进行远程配置和管理。

（3）Telnet 远程管理。Telnet 是一种传统的登录方式，通常可通过命令行方式对设备进行配置和管理。

（4）FTP 远程管理。FTP 管理员主要对设备存储空间里的文件进行上传和下载。

（5）SSH 安全管理。SSH 提供安全的信息保障和强大的认证功能，在不安全的网络上提供一个安全的"通道"。此时，设备作为 SSH 服务器。

2. Console/Telnet/FTP 设备管理配置

（1）Web 模式。

打开浏览器，登录设备，选择"系统">"管理员">"管理员">"新建"，新建管理员 client001，并设置设备管理类型为 Console、Telnet、FTP，如图 9-13 所示。

图 9-13　新建管理员

（2）CLI 模式。

① 配置 Console 接口 AAA 认证登录。

```
[USG6000V1] user-interface console 0
[USG6000V1-ui-con0] authentication-mode aaa
```

② 配置 Telnet 远程 AAA 认证登录。

```
[USG6000V1] user-interface vty 0 3
[USG6000V1-ui-vty0] authentication-mode aaa
```

③ 配置 AAA 登录参数，主要包括登录用户、用户登录密码、协议、级别和主目录等。

```
[USG6000V1] aaa
[USG6000V1 -aaa]manager-user client001
[USG6000V1 -aaa-manager-user-client001]password cipher Admin@123
[USG6000V1 -aaa-manager-user-client001]service-type terminal telnet ftp
[USG6000V1 -aaa-manager-user-client001]level 3
[USG6000V1 -aaa-manager-user-client001]ftp-directory hda1:
```

3. SSH 设备管理配置

（1）Web 模式。

创建管理员 sshuser，设置设备管理类型为 SSH，如图 9-14 所示。

图 9-14　创建 SSH 登录类型用户

要让用户启用 SSH 服务，还需要配置 SSH 登录参数，如图 9-15 所示。

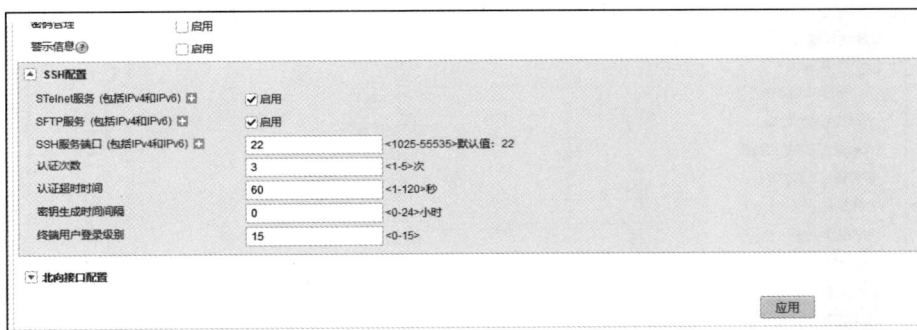

图 9-15　配置 SSH 登录参数

（2）CLI 模式。

① 启用 SSH 服务。

```
[USG6000V1]stelnet server enable
Info: The Stelnet server is already started.
```

② 为 SSH 用户 sshuser 配置密码为 Admin@123。

```
[USG6000V1] aaa
[USG6000V1-aaa] manager-user sshuser
[USG6000V1-aaa-manager-user-client001] ssh authentication-type password
[USG6000V1-aaa-manager-user-client001] password cipher Admin@123
[USG6000V1-aaa-manager-user-client001] service-type ssh
```

以上配置完成后，运行支持 SSH 的客户端软件，建立 SSH 连接。

4. Web 设备管理配置

（1）Web 模式。

① 创建管理员 webuser，并设置用户密码，如图 9-16 所示。

图 9-16 创建管理员 webuser

② 选择"系统">"管理员">"设置"，设置 HTTPS/HTTP 服务端口。使用 HTTP 登录设备后，不可以关闭 HTTP 服务，同时不能修改 HTTP 服务端口；使用 HTTPS 登录设备后，不可以关闭 HTTPS 服务，同时不能修改 HTTPS 服务端口，如图 9-17 所示。

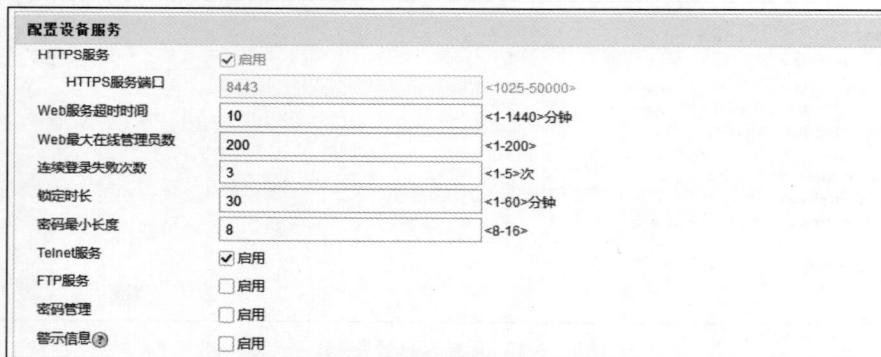

图 9-17 配置 HTTPS/HTTP 服务端口

（2）CLI 方式。

① 启用 Web 管理功能。

```
[USG6000V1] web-manager security enable port 6666
```

② 配置 Web 用户。

```
[USG6000V1] aaa
[USG6000V1-aaa]manager-user webuser
[USG6000V1-aaa-manager-user-webuser]password cipher Admin@123
[USG6000V1-aaa-manager-user-webuser]service-type web
[USG6000V1-aaa-manager-user-webuser]level 3
```

9.2.3 上网用户及接入用户认证流程

在上网用户单点登录场景中，用户只要通过了其他认证系统的认证就相当于通过了防火墙的认证。不同的认证系统在配置时流程各不相同，如图 9-18 所示。

图 9-18　上网用户及接入用户认证流程

此种方式适用于部署防火墙用户认证功能之前已部署认证系统的场景。单点登录场景可以分为以下 3 种。

（1）活动目录（Active Directory，AD）单点登录：用户登录 AD 域，由 AD 服务器进行认证。

（2）Agile Controller 单点登录：用户由华为公司的 Agile Controller 系统（Policy Center 或 Agile Controller）进行认证。

（3）RADIUS 单点登录：用户接入 NAS 设备，NAS 设备转发认证请求到 RADIUS 服务器进行认证。

9.2.4　单点登录

单点登录是指防火墙不是认证点，防火墙通过获取其他认证系统的用户登录消息，使用户在防火墙上线。AD 单点登录是用户希望经过 AD 服务器的认证后就会自动通过防火墙的认证，然后可以访问所有的网络资源。AD 单点登录主要有以下 3 种实现方式。

1. 接收 PC 消息模式

在该模式下，管理员需要在 AD 监控器上部署 AD 单点登录服务，在 AD 服务器（AD 域控制器）上设置登录脚本和注销脚本，同时在防火墙上配置 AD 单点登录参数，接收 AD 单点登录服务发送的用户登录/注销消息，如图 9-19 所示。

2. 查询 AD 服务器安全日志模式

本模式中，管理员需要在 AD 监控器上部署 AD 单点登录服务，同时在防火墙上配置 AD 单点登录参数，接收 AD 单点登录服务发送的用户登录消息，如图 9-20 所示。

图 9-19　接收 PC 消息模式单点登录

图 9-20　查询 AD 服务器安全日志模式单点登录

3. 防火墙监控 AD 认证报文

本模式下，管理员无须在 AD 服务器上安装程序。防火墙通过监控访问者登录 AD 服务器的认证报文获取认证结果，如果认证成功就将用户和 IP 地址对应关系添加到在线用户表，如图 9-21 所示。

图 9-21　防火墙监控 AD 认证报文单点登录

除了 AD 单点登录外，防火墙还提供 Agile Controller 单点登录和 RADIUS 单点登录。

9.2.5　其他认证

1. 上网用户 Portal 认证

Portal 认证是指通过防火墙或第三方服务器提供 Portal 认证页面对用户进行认证。防火墙内置 Portal 认证的触发方式有如下两种。

（1）会话认证。

会话认证是指用户不主动进行身份认证，先进行 HTTP 业务访问，在访问过程中进行认证。认证通过后，再进行业务访问。

当防火墙收到访问者的第一条目的端口为 80 的 HTTP 业务访问数据流时，将 HTTP 请求重定向到认证页面，触发访问者身份认证。认证通过后，就可以访问 HTTP 业务及其他业务，如图 9-22 所示。

图 9-22 会话认证

（2）事前认证。

事前认证是指访问者在访问网络资源之前先主动进行身份认证，认证通过后，再访问网络资源。

用户主动向防火墙提供的认证页面发起认证请求。防火墙收到认证请求后，对其进行身份认证。认证通过后，用户就可以访问 Internet，如图 9-23 所示。

图 9-23 事前认证

2. 接入用户认证

接入用户认证是指对各类 VPN 接入用户进行认证，触发认证的方式由接入方式决定，包括以下 3 种。

（1）SSL VPN 接入用户。

安全套接字层（Secure Socket Layer，SSL）协议是网景（Netscape）公司提出的基于 Web 应用的安全协议。访问者登录 SSL VPN 模块提供的认证页面来触发认证过程，认证完成后，SSL VPN 接入用户可以访问总部的网络资源。

（2）L2TP VPN 接入用户。

对于 L2TP 访问集中器（L2TP Access Concentrator，LAC）自主拨号方式，在接入阶段，分支机构的 LAC 通过拨号方式触发认证过程，与 L2TP 网络服务器（L2TP Network Server，LNS）建立 L2TP VPN 隧道；在访问资源阶段，分支机构中的访问者可以使用事前认证、会话认证等方式触发认证过程，认证完成后，L2TP VPN 接入用户可以访问总部的网络资源。

对于 NAS-Initiated/Client-Initiated 方式，在接入阶段，访问者通过拨号方式触发认证过程，与 LNS 建立 L2TP VPN 隧道。在访问资源阶段，分支机构中的访问者可以直接访问总部的网络资源；也可以使用事前认证、会话认证等方式触发二次认证，通过二次认证后，访问总部的网络资源。

（3）IPSec VPN 接入用户。

分支机构与总部建立 IPSec VPN 隧道后，分支机构中的访问者可以使用事前认证、会话认证等方式触发认证过程，认证完成后，IPSec VPN 接入用户可以访问总部的网络资源。

9.2.6　用户认证策略

1. 流量匹配

认证策略用于决定防火墙需要对哪些数据流进行认证，匹配认证策略的数据流必须经过防火墙的身份认证才能通过。默认情况下，防火墙不对经过自身的数据流进行认证，需要通过认证策略选出需要进行认证的数据流。如果经过防火墙的流量匹配了认证策略，将触发相应的认证，如图 9-24 所示。

（1）会话认证：用户访问 HTTP 业务时，如果数据流匹配了认证策略，防火墙会推送认证页面要求访问者进行认证。

（2）事前认证：用户访问非 HTTP 业务时必须主动访问认证页面进行认证，否则匹配认证策略的业务数据流访问将被防火墙禁止。

（3）免认证：用户访问业务时，如果匹配了免认证的认证策略，则无须输入用户名、密码而直接访问网络资源。防火墙根据用户与 IP/MAC 地址的绑定关系来识别用户。

图 9-24　用户认证策略动作

（4）单点登录：单点登录用户上线不受认证策略控制，但是用户业务流量必须匹配认证策略才能基于用户进行策略管控。

除了上面的流量外，以下流量即使匹配了认证策略也不会触发认证。

（1）访问设备或设备发起的流量。

（2）动态主机配置协议（Dynamic Host Configuration Protocol，DHCP）、BGP、OSPF、标记分发协议（Label Distribution Protocol，LDP）报文。

触发认证的第一条 HTTP 业务数据流对应的 DNS 报文不受认证策略控制，用户认证通过上线后的 DNS 报文受认证策略控制。

2. 策略定义

认证策略是多个认证策略规则的集合，用于决定是否对一条流量进行认证。认证策略规则由条件和动作组成，条件是指防火墙匹配报文的依据，包括源/目的安全区域、源地址/地区、目的地址/地区；动作是指防火墙对匹配到的数据流采取的处理方式。认证策略具体如下。

（1）Portal 认证：对符合条件的数据流进行 Portal 认证。

（2）短信认证：对符合条件的数据流进行短信认证，要求用户输入短信验证码。

（3）免认证：对符合条件的数据流进行免认证，防火墙通过其他手段识别用户身份。其主要应用于以下情况。

① 对于企业的高级管理者来说，一方面他们希望省略认证过程；另一方面，他们可以访问机密数据，对安全要求又更加严格。为此，管理员可将这类用户与 IP/MAC 地址双向绑定，对这类数据流进行免认证，但是要求其只能使用指定的 IP 或者 MAC 地址访问网络资源。防火墙通过用户与 IP/MAC 地址的绑定关系来识别该数据流所属的用户。

② 在 AD/Agile Controller/RADIUS 单点登录的场景中，防火墙已经从其他认证系统中获取到用户信息，对单点登录用户的业务流量进行免认证。

（4）不认证：对符合条件的数据流不进行认证，主要应用于以下情况。

① 不需要经过防火墙认证的数据流，如内网之间互访的数据流。

② 在 AD/Agile Controller /RADIUS 单点登录场景中，如果待认证的访问者与认证服务器之间交互的数据流经过防火墙，则要求不对这类数据流进行认证。

③ 防火墙存在一条默认的认证策略，所有匹配条件均为任意（any），动作为不认证。

9.2.7 上网用户认证配置

1. 配置流程

在进行上网用户认证配置之前，先要了解用户认证配置流程，如图 9-25 所示。

图 9-25 上网用户认证配置流程

2. 配置用户/用户组

设备实施基于用户/用户组的管理，必须先创建用户/用户组，设备支持管理员手动配置、本地导入和服务器导入等多种创建方式。

（1）手工配置用户/用户组。

① 防火墙默认存在 default 认证域，可以在其下级创建用户/用户组。如果需要规划其他认证域的组织结构，要先配置认证域。

② 当需要根据企业组织结构创建用户组，并基于用户组进行网络权限分配等管理时，该步骤必选。

③ 当对用户进行本地密码认证时，必须在本地创建用户，并配置本地密码信息。

（2）本地导入：支持将 CSV 格式文件和数据库管理（Database Management，DBM）文件的用户信息导入本地设备。

（3）服务器导入：网络中使用第三方认证服务器的情况非常多，很多公司的网络都有认证服务器，认证服务器上存放着所有用户和用户组信息。从认证服务器上批量导入用户是指通过服务器导入策略，将认证服务器上的用户/用户组信息导入设备中。

3. 配置认证选项

配置认证选项包含全局参数、单点登录和定制认证页面 3 部分内容。

（1）全局参数配置主要针对本地认证及服务器认证方式，其配置内容如下。

① 用户密码强度的设置、用户首次登录必须修改密码和密码过期的设置。

② 设置认证冲突时对当前认证的处理方式。

③ 定义用户认证后的跳转页面。

④ 定义认证界面使用的协议和端口。

⑤ 定义用户登录错误次数限制、达到限制次数后的锁定时间和用户在线超时时间。

（2）单点登录部分包含 AD 单点登录、Agile Controller 单点登录和 RADIUS 单点登录的配置方法。本书中只对 AD 单点登录进行详细说明。

（3）定制认证页面可以根据实际情况设置标志（Logo）图片、背景图片、欢迎语或求助语等，满足个性化的页面定制需求。

配置认证时需要注意以下事项。

① 上网用户或已经接入防火墙的接入用户使用会话认证方式触发认证过程时，必须经过认证策略的处理。

② 认证策略是多条认证策略规则的集合，防火墙匹配报文时总是在多条规则之间从上往下进行匹配。当报文的属性和某条规则的所有条件匹配时，则认为成功匹配该条规则，且不会再匹配后续的规则；如果所有规则都没有匹配到，则按照默认认证策略进行处理。

③ 防火墙必然存在一条默认的认证策略，所有匹配条件均为任意（any），动作为不认证。

4. 配置服务器（RADIUS）

在使用 RADIUS 服务器对用户进行服务器认证的场景中，防火墙作为 RADIUS 服务器的代理客户端，将用户名和密码发送给 RADIUS 服务器进行认证。另外，在防火墙上配置的参数必须与 RADIUS 服务器上的参数保持一致。选择"对象">"认证服务器">"RADIUS">"新建"，新建 RADIUS 服务器，如图 9-26 所示。

图 9-26　配置服务器（RADIUS）

5. 配置服务器（AD）

选择"对象">"认证服务器">"AD">"新建"，新建 AD 服务器，如图 9-27 所示。

图 9-27　配置服务器（AD）

在配置 AD 服务器时，应确保防火墙的系统时间、时区与 AD 服务器的时间、时区保持一致。

6. 创建用户/用户组

选择"对象">"用户">"default"，新建用户/用户组，如图 9-28 所示。

图 9-28　创建用户/用户组

> 表示用户组，列表中只显示该用户组的所属组和描述信息。其他参数均显示为"--"，即表示非用户组相关参数，不可配置。
>
> 表示用户，列表中除能直接显示用户所属组、绑定信息、账号过期时间、描述信息及当前的用户状态外，还能修改用户状态。

（1）用户/用户组。

设备实施基于用户/用户组的管理，该用户/用户组必须在设备上存在。通过用户/用户组节点，可在设备上手动创建用户/用户组。

（2）新建用户组。

root 组是设备默认自带的根用户组，不能删除，也无须创建。root 组的组名不能修改，但可以配置其描述信息，以便识别。所有创建的用户组都是 root 组的子组，或者子组的子组，具体步骤如下。

① 选择"对象">"用户">"用户/组"。

② 选中需要创建组的认证域，默认只有 default 认证域。

③ 在"成员管理"中单击"新建"按钮，选择"新建组"。

（3）新建单个用户。

新建单个用户是指同一时刻只能创建一个用户。与新建多个用户不同的是，新建单个用户时，除能完成新建多个用户涉及的配置项外，还能配置用户显示名、IP/MAC 地址双向绑定（选择"对象">"用户">"用户/组"）。

7. 配置用户属性

对于已存在的用户，可以使用"编辑"命令修改用户的属性，如图 9-29 所示。

图 9-29　配置用户属性

图 9-29 所示的界面主要包括以下几个参数。

（1）账号过期时间：用户的账号过期时间。

（2）允许多人同时使用该账号登录：选中该复选框，表示允许多人同时使用该用户的登录名登录，即允许该登录名同时在多台计算机上登录；不选中该复选框，表示同一时刻仅允许该登录名在一台计算机上登录。

（3）"IP/MAC 绑定"选项中各参数的含义如下。

IP/MAC 地址是指用户绑定的 IP 地址、MAC 地址或 IP/MAC 地址对。

① "不绑定"，表示用户不绑定 IP/MAC 地址。

② "单向绑定"，表示用户只能使用指定的地址登录，同时该地址也可以被其他用户使用。也就是用户只能使用指定的 IP/MAC 地址进行认证，但同时允许其他用户也使用该 IP/MAC 地址进行认证。

③ "双向绑定"，表示用户只能使用指定的地址登录，该地址仅允许该用户使用。也就是说用户只能使用指定的 IP/MAC 地址进行认证，并且指定的 IP/MAC 地址仅供该用户使用。当一个 IP/MAC 地址被双向绑定后，其他单向绑定此 IP/MAC 地址的用户将无法登录。

8. 配置认证选项（全局配置）

选择"对象">"用户">"认证选项">"全局配置/本地 Portal"进行认证配置，如图 9-30 所示。

图 9-30　配置认证选项（全局配置）

Portal 认证相关功能需要与 Portal 服务器配合完成，Portal 服务器需要提供认证页面向用户推送。目前可以与防火墙对接的 Portal 服务器为华为公司的 Agile Controller 或 Policy Center。

如使用 Web 推送页面认证，还需要配置相应的安全策略，允许端口号为 8887 的数据流到达防火墙。

9. 配置认证选项（单点登录）

选择"对象">"用户">"default">"上网方式及认证策略配置"，配置单点登录，如图 9-31 所示。

图 9-31　配置认证选项（单点登录）

　　如果防火墙部署在用户和 AD 域控制器之间，则用户的认证报文经过防火墙。为实现单点登录功能，配置认证策略时对该数据流不进行认证。另外，认证报文还需要通过安全策略的安全检查，即管理员需要在防火墙上配置以下安全策略。

　　（1）源安全区域：用户 PC 所在的安全区域。

　　（2）目的安全区域：AD 服务器所在的安全区域。

　　（3）目的地址：AD 服务器的 IP 地址。

　　（4）动作：允许。

10. 配置认证策略

选择"对象"＞"用户"＞"认证策略"＞"新建"，配置认证策略，如图 9-32 所示。

图 9-32　配置认证策略

上网用户或已经接入防火墙的接入用户使用会话认证方式触发认证过程时，必须经过认证策略的处理。

11. 通过本地和服务器导入用户

选择"对象"＞"用户"＞"用户导入"，如图 9-33 所示。

图 9-33　通过本地和服务器导入用户

（1）本地导入：支持将CSV格式文件和DBM文件的用户信息导入本地设备。

（2）服务器导入：从认证服务器上批量导入用户是指通过服务器导入策略，将认证服务器上的用户（组）信息导入设备中。

本操作主要说明如下。

① CSV支持登录名、显示名、所属组、描述信息、密码、IP/MAC地址绑定信息、绑定模式、账号状态、有效期信息。

② DBM导出是从内存导出用户数据库文件到指定目录。

③ 用户导入是指批量导入用户信息到设备，支持本地导入和服务器导入。其中，本地导入支持CSV格式文件，服务器导入支持LDAP服务器和AD服务器导入。

④ 本地导入。从CSV格式文件中批量导入用户，即将用户信息（登录名、显示名、所属组路径、用户描述、本地密码等）按照指定的CSV格式文件预先编辑完成，再将该文件导入设备内存中，从而完成用户批量创建。

选择"对象">"用户">"用户导入"，然后选择"本地导入"中的"浏览"按钮，找到编辑后的CSV格式文件，在认证服务器上批量导入用户信息。

⑤ 服务器导入。上文已讲述，此处不再赘述。

12. 在线用户管理

选择"对象">"用户">"在线用户"，可以对在线用户进行管理，如图9-34所示。若需要限制某些用户在某段时间内的上网行为，可以冻结指定的在线用户。若管理员觉察到某些用户不可信，可以强制注销指定的在线用户。

图9-34　在线用户管理

该模块主要功能如下。

（1）通过"在线用户列表"，可以查看已经通过设备认证的在线用户。管理员可对在线用户进行相关的管理操作，如强制注销。

（2）选择"对象">"用户">"在线用户"，定位待查看的在线用户。管理员可以使用以下方式定位待查看的在线用户。

① 在"组织结构"中单击待查看用户所属的组，属于该组的所有在线用户将会出现在"在线用户列表"中。

② 使用简单查询或高级查询功能查找待查看的用户，查找结果将会出现在"在线用户列表"中。

（3）选择"对象"＞"用户"＞"在线用户"，定位待注销的在线用户。管理员可以使用以下方式定位待注销的在线用户。

① 在"组织结构"中单击待注销用户所属的组，属于该组的所有在线用户将会出现在"在线用户列表"中。

② 使用简单查询或高级查询功能查找待注销的用户，查找结果将会出现在"在线用户列表"中。

在"在线用户列表"中选中所有待注销的用户，单击"强制注销"按钮，如果操作成功，则已经被注销的用户将不会出现在"在线用户列表"中。

本章小结

本章主要讲述了用户 AAA 技术原理、认证的过程、用户认证管理及应用，对不同的用户认证、AAA 技术的实现等均进行了详细的介绍。

课后习题

1. 以下（   ）不属于 AAA。

    A. 认证 　　　　　　 B. 授权 　　　　　　 C. 计费 　　　　　　 D. 管理

2. AD 单点登录主要有（   ）3 种登录实现方式。

    A. 接收 PC 消息模式 　　　　　　　　 B. 查询 AD 服务器安全日志模式

    C. 防火墙监控 AD 认证报文 　　　　　 D. PC 直接登录

3. 关于上网用户组织管理说法正确的是（   ）。

    A. 每个用户组可以包括多个用户和用户组

    B. 查询 AD 服务器安全日志模式中，每个用户组可以属于多个父用户组

    C. 系统默认有一个 root 用户组

    D. 每个用户至少属于一个用户组，也可以属于多个用户组

4. 一般的公司或组织中有时会存在这样一类用户，他们不是该公司员工，只是临时到访该公司，需要借用该公司网络上网；他们没有属于自己的账号，无法进行认证，设备要对他们的网络权限进行控制。对于这类用户，用户管控模块支持自动为其创建对应的临时用户，并使用其 IP 地址作为该用户的用户名。管理员在规划用户管理时，一般将这类用户认证划分为（   ）。

    A. 免认证 　　　　　　　　　　　　 B. 查询 AD 服务器安全日志模式单点认证

    C. 密码认证 　　　　　　　　　　　 D. 临时认证

5. 以下（   ）不属于 USG 防火墙中的用户认证方式。

    A. 免认证 　　　　　　　　　　　　 B. 查询 AD 服务器安全日志模式密码认证

    C. 单点登录 　　　　　　　　　　　 D. 指纹认证

第 10 章

入侵防御简介

知识目标

① 了解入侵的行为。

② 掌握入侵防御系统的技术特点。

③ 了解防火墙反病毒工作原理。

能力目标

① 学会分析入侵日志。

② 学会查看防火墙反病毒结果。

素质拓展

要压实互联网企业的主体责任,决不能让互联网成为传播有害信息、造谣生事的平台。要加强互联网行业自律,调动网民积极性,动员各方面力量参与治理。

课程导入

小安在一家信息科技公司担任信息安全工程师。公司的网站流量比较大,人员流动也比较频繁,导致公司的网站和计算机经常受到各种类型的网络入侵,影响了公司网站的正常运营,甚至导致经济损失。为了减少这类事件的发生,小安在公司出口部署的防火墙上启用入侵检测系统,并请来了安全设备公司的信息安全专家小华,对公司的员工进行了入侵防御培训,使公司网络被入侵的事件大大减少。

相关内容

10.1　入侵概述

10.1.1　入侵初印象

什么是入侵呢？如图 10-1 所示，这些入侵都有一些相似点，如相似的目的、入侵他方的领域获取利益，而受害方在发现入侵时会及时反击，当然最好是在入侵之前加固防御，以保护自身不被入侵。

图 10-1　入侵初印象

10.1.2　网络威胁现状

现在的网络威胁不单是攻击计算机系统，而是被黑客攻击和被不法分子利用，成为他们获取利益的工具。因此，传统的计算机病毒等网络威胁正在向由利益驱动的、全面的网络威胁发展变化。

在目前出现的各种安全威胁中，恶意代码（如病毒、网络蠕虫、Bot、Rootkit、特洛伊木马、后门程序、弱点攻击程序、行动装置等）类别占有很高的比例，灰色软件（间谍/广告软件）的影响也逐渐扩大，而与犯罪程序有关的安全威胁已经成为威胁网络安全的重要因素。

目前用户面临的不再是传统的病毒攻击，网络威胁经常是融合了病毒、黑客攻击、特洛伊木马、僵尸网络、间谍软件等危害于一身的混合体，如图 10-2 所示，因此单靠以往的防毒或者防黑技术往往难以抵御。

图 10-2　网络威胁现状

10.1.3　黑客入侵

网络黑客、企业内部恶意员工利用系统及软件的漏洞入侵服务器，严重威胁企业关键业务数据的安全，如图 10-3 所示。

图 10-3　黑客和恶意员工入侵企业网络系统

漏洞给企业造成的严重安全威胁如下。

（1）网络蠕虫利用应用软件漏洞大肆传播，消耗网络带宽，破坏重要数据。

（2）黑客、恶意员工利用漏洞攻击或入侵企业服务器，使机密信息被篡改、破坏和泄露。

10.1.4　DDoS 攻击威胁

以经济利益为目的的 DDoS 攻击不断威胁着企业的正常运营，且攻击造成的危害越来越严重。

常见 DDoS 攻击威胁有很多种，如图 10-4 所示，其中 CC 为挑战黑洞（Challenge Collapsar，CC）攻击，SMURF 为蓝精灵攻击。其产生的主要原因如下。

图 10-4　DDoS 攻击分类

（1）以经济利益为目标的全球黑色产业链形成，网络上存在大量僵尸网络。

（2）不法分子的敲诈勒索、同行的恶意竞争等都有可能导致企业遭受 DDoS 攻击。

（3）遭受 DDoS 攻击时，网络带宽被大量占用，网络陷入瘫痪；受攻击服务器资源被耗尽，无法响应正常用户请求，严重时会造成系统死机，使企业业务无法正常运行。

10.1.5　病毒及恶意代码安全威胁

随着企业业务拓展，更多业务应用依赖于 IT 系统来完成。业务在运行过程中，时刻面临着病毒、特洛伊木马、间谍软件等的严重威胁，如图 10-5 所示。

图 10-5　病毒及恶意代码安全威胁

病毒是一种恶意代码，可感染或附着在应用程序或文件中，一般通过邮件或文件共享等进行传播，会威胁用户主机和网络的安全。

有些病毒会耗尽主机资源、占用网络带宽，有些病毒会控制主机权限、窃取用户数据，有些病毒甚至会对主机硬件造成破坏。

病毒及恶意代码安全威胁具体如下。

（1）浏览网页、传输邮件是病毒、特洛伊木马、间谍软件进入内网的主要途径。

（2）病毒能够破坏计算机系统，篡改、损坏业务数据。

（3）特洛伊木马使黑客不仅可以窃取计算机上的重要信息，而且会破坏内网计算机；间谍软件搜集、使用并散播企业员工的敏感信息，严重干扰企业的正常业务。

（4）桌面型反病毒软件难以从全局防止病毒泛滥。

病毒及恶意代码等安全威胁的主要特征如表 10-1 所示。

表 10-1　网络安全威胁特征

威胁	特征		
	未经授权访问	未经授权篡改	未经授权破坏
黑客入侵	√	√	√
DDoS 攻击威胁	√		√
病毒及恶意软件	√	√	√

10.1.6　什么是入侵

入侵是指未经授权而尝试访问信息系统资源、篡改信息系统中的数据，使信息系统不可靠或不能使用的行为。入侵企图破坏信息系统的完整性、机密性、可用性及可控性。

典型的入侵行为如下。

（1）篡改 Web 网页。

（2）破解系统密码。

（3）复制/查看敏感数据。

（4）使用网络嗅探工具获取用户密码。

（5）访问未经允许的服务器。

（6）其他特殊硬件获得原始网络包。

（7）向主机植入特洛伊木马程序。

10.2　入侵防御系统简介

10.2.1　安全设备在安全体系中的位置

在信息安全建设中，IDS 扮演着监视器的角色，通过监控信息系统关键节点的流量，对其进行深入分析，发掘正在发生的安全事件。一个形象的比喻就是：IDS 就像安全监控体系中的摄像头，通过 IDS，系统管理员能够捕获关键节点的流量并做智能分析，从中发现异常、可疑的网络行为，并向管理员报告。各安全设备在安全体系中的位置大致如图 10-6 所示。

图 10-6　各安全设备在安全体系中的位置

入侵检测（Intrusion Detection）是通过监视各种操作，分析、审计各种数据和现象来实时检测入侵行为的过程，是一种积极且动态的安全防御技术。入侵检测的内容涵盖了授权和非授权的各种入侵行为。

IDS 能在发现有违反安全策略的行为或系统存在被攻击的痕迹时立即启动有关安全机制进行应对。

那么，防火墙与 IDS 如何区分呢？

（1）防火墙属于串路设备，需要做快速转发，无法做深度检测。

（2）防火墙无法正确分析掺杂在允许应用数据流中的恶意代码，无法检测来自内部人员的恶意操作或误操作。

（3）防火墙属于粗粒度的访问控制，IDS 属于细粒度的检测设备，通过 IDS 可以更精确地监控网络。

（4）IDS 可与防火墙、交换机进行联动，成为防火墙的得力"助手"，更好、更精确地控制域间的访问。

（5）IDS 可灵活、及时地进行升级，策略的配置操作方便灵活。

10.2.2　入侵防御系统

IPS 是一种智能化的入侵检测和防御产品，它不但能检测入侵的发生，而且能通过一定的响应方式实时终止入侵行为的发生和发展，从而保护信息系统不受实质性的攻击。

微课视频

IPS 在网络中一般有以下两种部署方式。

（1）旁路：旁挂在交换机上，通过交换机做端口镜像。

（2）直路：串接在网络边界，在线部署并在线阻断。

IPS 的基本技术特点主要包括实时阻断、自学习及自适应、自定义规则、业务感知（Service Awareness，SA）、零配置上线等，如图 10-7 所示。

图 10-7　IPS 的特点

（1）实时阻断：能够让 IPS 实时阻断发现的网络攻击行为，避免 IDS 发现攻击但无法实时阻止攻击行为发生的缺陷，最大限度地提升系统的安全性。

（2）自学习与自适应：IPS 能够通过自学习与自适应将系统的漏报与误报降至最低，减少入侵对业务的影响。

（3）自定义规则：IPS 能够自定义入侵防御规则，最大限度地对最新的威胁做出反应。

（4）业务感知：让 IPS 能够检测到基于应用层的异常与攻击。

（5）零配置上线：系统提供了默认的入侵防御安全配置文件，可以直接被引用。

10.2.3　查看入侵及防御行为

入侵日志信息包括虚拟系统、命中的安全策略、源/目的地址、源/目的端口、源/目的安全区域、用户、协议、应用、命中的入侵安全配置文件、签名名称、签名序号、事件计数、入侵目标、入侵严重性、操作系统、签名分类、签名动作等。查看威胁日志，如图 10-8 所示。

图 10-8　查看威胁日志

（1）威胁名称：入侵防御签名用来描述网络中存在的攻击行为的特征，通过将数据流和入侵防御签名进行比较来检测和防御攻击。

（2）威胁计数：日志归并引入字段，是否归并需根据归并频率及日志归并条件确定，不发生归并则为 1。

（3）目标类型：签名检测到的报文所攻击的对象，包括以下几种。

① 服务端：攻击对象为服务端。

② 客户端：攻击对象为客户端。

③ 服务端和客户端：攻击对象为服务端和客户端。

（4）严重性：签名检测到的报文所造成攻击的严重性，可分为以下几级。

① 提示：表示严重性为提示。

② 低：表示严重性为低。

③ 中：表示严重性为中。

④ 高：表示严重性为高。

（5）操作系统：签名检测到的报文所攻击的操作系统，包括以下几种。

① all：表示所有系统。

② android：表示 Android 系统。

③ ios：表示苹果系统。

④ unix-like：表示 UNIX 系统。

⑤ windows：表示 Windows 系统。

⑥ other：表示其他系统。

（6）攻击分类：签名检测到的报文攻击特征所属的威胁分类。

（7）动作：签名动作，可分为以下两种。

① 告警：签名动作为告警。

② 阻断：签名动作为阻断。

10.3　网络防病毒简介

10.3.1　计算机病毒基本概念

编制者在计算机程序中插入的破坏计算机功能或者破坏数据，影响计算机正常使用并且能够自我复制的一组计算机指令或者程序代码被称为计算机病毒（Computer Virus）。

计算机病毒的分类方法有很多，具体如下。

（1）按照功能分类：恶意病毒、网络蠕虫和特洛伊木马。

（2）按照传播机制分类：移动媒体、网络共享、网络扫描、电子邮件、P2P 网络。

（3）按照感染对象分类：操作系统、应用程序、设备。

（4）按照携带者对象分类：可执行文件、脚本、宏、引导区。

10.3.2　病毒、网络蠕虫和木马

病毒是一段寄生在正常程序中的恶意代码，当用户启用这段正常程序时，病毒也会被启动，从而对系统的文件系统造成破坏。

网络蠕虫是病毒的变种，是一个独立的个体，不需要寄生，其能进行自我复制，利用网络上的系统漏洞或人为意识漏洞进行传播，影响更为恶劣，主要影响整个网络的性能和计算机的系统性能。

特洛伊木马也是一种具有寄生性的恶意代码，它极具隐蔽性，黑客通过特洛伊木马往往能够控制一台主机，使其成为"肉鸡"。此外，特洛伊木马也可以用于监控获取受害人关键信息，如银行密码等。

病毒、网络蠕虫、特洛伊木马的特征如表 10–2 所示。

表 10-2　病毒、网络蠕虫、木马的特征

项目	特征		
	病毒	网络蠕虫	特洛伊木马
存在形式	寄生	独立个体	有寄生性
复制机制	插入宿主程序中	自我复制	不自我复制
传染性	宿主程序运行	系统存在漏洞	依据载体或功能
传染目标	主要针对本地文件	针对网络上其他计算机	"肉鸡"或"僵尸"
触发机制	计算机使用者	程序自身	远程控制
影响重点	文件系统	网络性能、系统性能	信息窃取或拒绝服务
防治措施	从宿主程序中摘除	为系统打补丁	防止特洛伊木马植入

10.3.3　反病毒技术

1. 反病毒技术分类

反病毒技术根据防护对象不同可划分为以下两种。

（1）单机反病毒：单机反病毒可以通过安装杀毒软件实现，也可以通过专业的防病毒工具实现。病毒检测工具用于检测病毒、特洛伊木马、网络蠕虫等恶意代码，有些检测工具同时提供修复功能。常见的反病毒软件有赛门铁克、360 安全卫士、瑞星、诺顿等，专业防病毒工具有 Process Explorer 等。

（2）网络反病毒：网络反病毒技术是指在安全网关上进行反病毒策略部署。

2. 反病毒技术应用场景

通常利用反病毒特性来保证网络安全的场合有：内网用户可以访问外网，且经常需要从外网下载文件；内网部署的服务器经常接收外网用户上传的文件。

NIP 作为网关设备隔离内、外网，内网包括用户 PC 和服务器。内网用户可以从外网下载文件，外网用户可以上传文件到内网服务器。为了保证内网用户和服务器接收文件的安全，需要在 NIP 上配置反病毒功能，如图 10-9 所示。

图 10-9 NIP 反病毒原理

在 NIP 上配置反病毒功能后，正常文件可以顺利进入内部网络，包含病毒的文件则会被检测出来，并被采取阻断或告警等手段进行干预。

3. 网关反病毒主要实现方式

目前设备厂商（包括 UTM、AVG）的反病毒扫描方式分为以下两种。

（1）代理扫描方式：将所有经过网关的需要进行病毒检测的数据报文转交给网关自身的协议栈，通过网关自身的协议栈将文件全部缓存下来后，再送入病毒检测引擎进行病毒检测。

基于代理的反病毒网关可以进行更多如解压、脱壳等高级操作，检测率高，但由于进行了文件全缓存，因此其性能、系统开销将会比较大。

（2）流扫描方式：依赖于状态检测技术和协议解析技术，简单地提取文件的特征与本地签名库进行匹配。

基于流扫描的反病毒网关性能高、开销小，但该方式检测率有限，无法应对加壳、压缩等方式处理过的文件。

10.3.4 防火墙反病毒工作原理

微课视频

网络流量进入智能感知引擎后，智能感知引擎会对流量进行深层分析，识别出流量对应的协议类型和文件传输方向，如图 10-10 所示。

图 10-10 防火墙反病毒工作原理

1. 判断文件传输所使用的协议和文件传输的方向是否支持病毒检测

防火墙支持对使用以下协议传输的文件进行病毒检测：FTP、HTTP、POP3、SMTP、IMAP、网络文件系统（Network File System，NFS）协议、信息服务块（Server Message Block，SMB）协议。

防火墙支持对不同传输方向上的文件进行病毒检测。

（1）上传：客户端向服务器发送文件。

（2）下载：服务器向客户端发送文件。

2. 判断是否命中白名单

命中白名单后，NIP 将不对文件做病毒检测。白名单由白名单规则组成，管理员可以为信任的域名、URL、IP 地址或 IP 地址段配置白名单规则，以此提高反病毒的检测效率。白名单规则的生效范围仅限于所在的反病毒配置文件，每个反病毒配置文件都拥有自己的白名单。

3. 病毒检测

智能感知引擎对符合病毒检测的文件进行特征提取，并将提取后的特征与病毒特征库中的特征进行匹配。如果匹配，则认为该文件为病毒文件，并按照配置文件中的响应动作进行处理；如果不匹配，则允许该文件通过。当开启联动检测功能时，对于未命中病毒特征库的文件，还可以上送至沙箱进行深度检测。如果沙箱检测到恶意文件，则将恶意文件的文件特征发送给 NIP，NIP 将此恶意文件的特征保存到联动检测缓存。下次再检测到该恶意文件时，则按照配置文件中的响应动作进行处理。

病毒特征库是由华为公司通过分析各种常见病毒特征而形成的。该特征库对各种常见的病毒特征进行了定义，同时为每种病毒特征都分配了一个唯一的病毒 ID。设备加载病毒特征库后，即可识别出特征库里已经定义过的病毒。

4. 当防火墙检测出传输文件为病毒文件时如何处理

（1）判断该病毒文件是否命中病毒例外。如果是病毒例外，则允许该文件通过。

病毒例外，即病毒白名单，为了避免由于系统误报等造成文件传输失败等情况的发生，当用户认为已检测到的某个病毒为误报时，可以将该对应的病毒 ID 添加到病毒例外，使该病毒规则失效。如果检测结果命中了病毒例外，则对该文件的响应动作放行。

（2）如果不是病毒例外，则判断该病毒文件是否命中应用例外。如果是应用例外，则按照应用例外的响应动作（告警、阻断、宣告、删除附件）进行处理。

应用例外可以为应用配置不同于协议的响应动作。应用承载于协议之上，同一协议上可以承载多种应用。

由于应用和协议之间存在着这样的关系，因此在配置响应动作时也有以下规定。

（1）如果只配置协议的响应动作，则协议上承载的所有应用都继承协议的响应动作。

（2）如果协议和应用都配置了响应动作，则以应用的响应动作为准。

（3）如果病毒文件既没有命中病毒例外，也没有命中应用例外，则按照配置文件中配置的协议和传输方向对应的响应动作进行处理。

10.3.5 反病毒响应动作

检测到病毒后的响应动作包括以下 4 种。

（1）告警：允许病毒文件通过，同时生成病毒日志。

（2）阻断：禁止病毒文件通过，同时生成病毒日志。

（3）宣告：对于携带病毒的邮件文件，设备允许该文件通过，但会在邮件正文中添加检测到病毒的提示信息，同时生成病毒日志。宣告动作仅对 SMTP 和 POP3 生效。

（4）删除附件：对于携带病毒的邮件文件，设备允许该文件通过，但设备会删除邮件中的附件内容并在邮件正文中添加宣告，同时生成病毒日志。删除附件动作仅对 SMTP 和 POP3 生效。

10.3.6　查看防火墙反病毒结果

防火墙检测到病毒后，可以通过业务日志查看防火墙反病毒结果的详细信息。配置了 HTTP 和邮件协议反病毒后，能够在访问页面或邮件正文查看到相关提示信息，如图 10-11 所示。

图 10-11　查看防火墙反病毒结果

本章小结

本章主要讲解了入侵的基本概念、如何区分 IDS 和 IPS、反病毒概念及基本原理等知识。

课后习题

1. 以下（　　）动作可以配置为 SMTP 的反病毒动作。
   A. 阻断　　　　　　　B. 警告　　　　　　　C. 宣告　　　　　　　D. 删除附件

2. 以下关于入侵防御说法不正确的是（　　　）。

 A. IPS 支持直路部署

 B. IPS 不但可以检测入侵行为，而且可以在线阻断

 C. 可以对病毒入侵进行防御

 D. IPS 与防火墙联动可以实现实时阻断功能

3. 针对入侵检测系统描述正确的是（　　　）。

 A. 入侵检测系统可以通过网络和计算机动态地搜集大量关键信息资料，并能及时分析和判断整个系统环境的目前状态

 B. 入侵检测系统一旦发现有违反安全策略的行为或系统存在被攻击的痕迹等，则可以实施阻断操作

 C. 入侵检测系统包括用于入侵检测的所有软硬件系统

 D. 入侵检测系统可与防火墙、交换机进行联动，成为防火墙的得力助手，更好、更精确地控制外域间的访问

4. 入侵防御系统技术的特点包括（　　　）。

 A. 在线模式　　　　　　 B. 实时阻断　　　　　 C. 自学习及自适应　　　　 D. 直路部署

5. 表面上，病毒、漏洞、特洛伊木马等威胁是造成信息安全事件的原因，但究其根本，信息安全事件与人和信息系统本身也有很大关联。（　　　）

 A. 对　　　　　　　　　　　　　　　　　 B. 错

第 11 章

数据传输与验证安全

知识目标

① 掌握加密技术的定义及发展史。
② 了解常见加解密的过程。
③ 熟悉常见的加解密算法原理。
④ 掌握数字证书的定义。
⑤ 掌握数字证书的分类。

能力目标

① 学习 PKI 证书体系架构。
② 学习 PKI 证书体系工作机制。

素质拓展

网络空间不是"法外之地"。网络空间是虚拟的，但运用网络空间的主体是真实存在的，大家都应该遵守法律，明确各方的权利和义务。

课程导入

华安公司最近收到很多客户的意见反馈，其中大多是密码问题、网上数据加密问题、数据完整性问题等。如何确保公钥的真实性和数据传输的机密性呢？技术部门决定由技术员小华对全体员工进行相关知识培训，以提高大家的技术水平。

✎ **相关内容** ━━━━━━━━━━━━━━━━━━━━━━

11.1　加密技术

11.1.1　加密技术的定义

加密是利用数学方法将明文（需要被隐蔽的数据）转换为密文（不可读的数据），从而达到保护数据的目的。一般来说，在标记加密的元素中，信息明文用字母 P 表示，密钥用字母 K 表示，信息密文用字母 C 表示，如图 11-1 所示。

11.1.2　加密技术的作用

加密是一个过程，它使信息只对正确的接收者可读，其他用户看到的则是杂乱无章的信息，从而达到保护数据不被非法窃取、阅读的目的。加密在网络上的作用就是防止私有化信息在网络上被拦截和窃取。通过加密可保证信息的机密性、完整性、鉴别性和不可否认性。

微课视频

图 11-1　加密三元素

1. 机密性

机密性可通过数据加密实现，提供只允许特定用户访问和阅读信息的服务，这是使用加密的普遍原因。通过使用数学方程式进行加密，可以保证只有对应接收人才能查看信息。

2. 完整性

完整性可通过数据加密、散列或数字签名来实现，提供确保数据在存储和传输过程中不被未授权修改（篡改、删除、插入和重放等）的服务。对安全级别需求较高的用户来说，仅仅对数据加密是不够的，因为在传输过程中数据仍能被非法破解并修改。

3. 鉴别性

鉴别性可通过数据加密、数据散列或数字签名来实现，提供与数据和身份识别有关的服务，即认证数据发送和接收者的身份。

4. 不可否认性

不可否认性采用对称加密或非对称加密及数字签名等，并借助可信的注册机构或证书机构来实现，提供阻止用户否认先前的言论或行为的抗抵赖服务。

11.1.3　加密技术发展史

加密作为保障信息安全的一种方式，不是现代才有的，它产生的历史相当久远，可以追溯到人类刚刚出现，并且尝试学习如何通信的时候。但是，最先有意识地使用一些技术方法来加密信息的可能是公元前 500 年的古希腊人，他们使用一种名为密码棒（scytale）的装置来加密信息，这种装置由一条皮带和一根木棍组成。送信人先绕棍子卷皮带，然后把要加密的信息写在皮带上面，接着打开皮带送给收信人。如果不知道棍子的宽度（这里作为密钥），是不可能解密皮带上的内容的。

大约在公元前 50 年，古罗马的统治者凯撒发明了一种战争时用于传递加密信息的方法，后来称之为"凯撒密码"。它的原理是将 26 个字母按自然顺序排列，并且首尾相连，明文中的每个字母都用其后的第三个字母代替。例如，HuaweiSymantec 通过加密之后变成了 KxdzhlvBPdqwhf。

近代加密技术主要应用于军事领域,如美国独立战争、美国内战和两次世界大战。在美国独立战争时期,曾经使用过一种"双轨"密码,即先将明文写成双轨的形式,然后按行顺序书写。

在第一次世界大战中,德国人曾依靠字典编写密码,如 10-4-2 就是某字典第 10 页、第 4 段的第 2 个单词;在第二次世界大战中,最广为人知的编码机器是德国人的 Enigma 三转轮密码机,德国人利用它加密信息。

11.2　加解密技术的原理

11.2.1　加密技术的分类

1. 对称加密算法

对称加密算法也称传统密码算法(共享密钥加密、秘密密钥算法、单钥算法),它使用同一个密钥对数据进行加密和解密。如图 11-2 所示,加密密钥能从解密密钥中推算出来。发送者和接收者共同拥有同一个密钥,既用于加密也用于解密。对称密钥加密是加密大量数据的一种行之有效的方法。对称密钥加密有许多种算法,但这些算法都有一个共同的目的:以还原的方式将明文(未加密的数据)转换为暗文。由于对称密钥加密在加密和解密时使用相同的密钥,因此这种加密过程的安全性取决于是否有未经授权的人获得了对称密钥。需要特别注意的是,希望使用对称密钥加密通信的双方,在交换加密数据之前必须先安全地交换密钥。

图 11-2　对称加密算法

衡量对称算法优劣的主要标准是其密钥的长度。密钥越长,在找到解密数据所需的正确密钥之前需测试的密钥数量就越多。需要测试的密钥越多,破解这种算法就越困难。有了好的加密算法和足够长的密钥,如果有人想在一段实际可行的时间内逆转转换过程,从暗文推导出明文,从应用的角度来讲,这种做法是徒劳的。

2. 非对称加密算法

非对称加密算法也称公钥加密算法,如图 11-3 所示。该使用两个密钥—— 一个公钥和一个私钥,这两个密钥在数学上是相关的,私钥用来保护数据;公钥则由同一系统的人公用,用来检验信息及其发送者的真实性和身份。在公钥加密中,公钥可在通信双方之间公开传递,或在公用储备库中发布,但相关的私钥是保密的。只有使用私钥才能解密用公钥加密的数据,而使用私钥加密的数据只能用公钥解密。公钥加密提供了一种有效的方法,可用于把为大量数据执行对称加密时使用的机密密钥发送给某人。公钥加密适合对密钥或身份信息等敏感信息加密,从而在安全性上满足用户的需求。用私钥加密而用公钥解密主要用于数字签名。

与对称密钥加密相似,公钥加密也有许多种算法。然而,对称密钥和公钥加密算法在设计上并无相似之处。可以在程序内部使用一种对称加密算法替换另一种,且变化不大,因为它们的工作方式是相同的。而不同公钥加密算法的工作方式完全不同,因此它们不可互换。

公钥加密算法是复杂的数学方程式，使用很大的数字。公钥加密算法的主要局限在于这种加密形式的速度相对较低。实际上，通常仅在关键时刻才使用公钥加密算法，如在实体之间交换对称密钥时。

图11-3　非对称加密算法

3. 对称与非对称加密算法对比

（1）对称加密算法。

对称加密的主要优点在于速度快，通常比非对称密钥快100倍以上，而且可以方便地通过硬件实现。

对称加密的主要问题在于密钥的管理复杂。由于每对通信者之间都需要一个不同的密钥，因此 n 个人通信需要 $n(n-1)/2$ 个密钥；同时，如何安全地共享密钥给需要解密的接收者成为最大的问题；另外，由于没有签名机制，因此也不能实现抗抵赖，即通信双方都可以否认发送或接收过的信息。

（2）非对称加密算法。

非对称加密的主要优势在于密钥能够公开。由于用作加密的密钥（公钥）不同于用作解密的密钥（私钥），因此解密密钥不能由加密密钥推算出来，所以可以公开加密密钥。

公钥加密的优点是无法从一个密钥推导出另一个密钥，公钥加密的信息只能用私钥进行解密；其缺点是算法非常复杂，导致加密大量数据所用的时间较长，而且加密后的报文较长，不利于网络传输。

对称和非对称加密算法通常结合使用，用于密钥加密和数字签名，既能实现安全又能优化性能。

11.2.2　数据加密与验证

1. 数字信封

数字信封是指发送方采用接收方的公钥来加密对称密钥后所得的数据。采用数字信封时，接收方需要使用自己的私钥才能打开数字信封，得到对称密钥。

假设甲事先获得乙的公钥，具体加解密过程如图11-4所示。

（1）甲使用对称密钥对明文进行加密，生成密文信息。

（2）甲使用乙的公钥加密对称密钥，生成数字信封。

（3）甲将数字信封和密文信息一起发送给乙。

（4）乙接收到甲的加密信息后，使用自己的私钥打开数字信封，得到对称密钥。

（5）乙使用对称密钥对密文信息进行解密，得到最初的明文。

从加解密过程可以看出，数字信封技术结合了对称密钥加密和公钥加密的优点，解决了对称密钥的发布和公钥加密速度慢等问题，提高了安全性、扩展性和效率等。

图 11-4　数字信封加解密过程

　　但是，数字信封技术还有一个问题，如果攻击者拦截甲的信息，用自己的对称密钥加密伪造的信息，并用乙的公钥加密自己的对称密钥，然后发送给乙。乙收到加密信息后，解密得到的明文，而且乙始终认为是甲发送的信息。此时，需要一种方法确保接收方收到的信息就是指定的发送方发送的。

2. 数字签名

　　数字签名是指发送方用自己的私钥对数字指纹进行加密后所得的数据。采用数字签名时，接收方需要使用发送方的公钥才能解开数字签名，得到数字指纹。

　　数字指纹又称为信息摘要，它是指发送方通过散列算法对明文信息计算后得出的数据。采用数字指纹时，发送方会将数字指纹和明文一起发送给接收方，接收方用同样的散列算法对明文计算生成的数据指纹，并与收到的数字指纹进行匹配，如果一致，便可确定明文信息没有被篡改。

　　假设甲事先获得乙的公钥，具体加解密过程如图 11-5 所示。

图 11-5　数字签名数据验证过程

　　（1）甲使用乙的公钥对明文进行加密，生成密文信息。

　　（2）甲使用散列算法对明文进行散列运算，生成数字指纹。

　　（3）甲使用自己的私钥对数字指纹进行加密，生成数字签名。

　　（4）甲将密文信息和数字签名一起发送给乙。

　　（5）乙使用甲的公钥对数字签名进行解密，得到数字指纹。

　　（6）乙接收到甲的加密信息后，使用自己的私钥对密文信息进行解密，得到最初的明文。

　　（7）乙使用散列算法对明文进行散列运算，生成数字指纹。

（8）乙将生成的数字指纹与得到的数字指纹进行比较，如果一致，乙接收明文；如果不一致，乙丢弃明文。

从加解密过程可以看出，数字签名技术不但证明了信息未被篡改，还证明了发送方的身份。数字签名和数字信封技术也可以组合使用。

但是，数字签名技术也存在问题，如果攻击者更改乙的公钥，甲获得的是攻击者的公钥，攻击者拦截乙发送给甲的信息，用自己的私钥对伪造的信息进行数字签名，然后与使用甲的公钥的加密伪造信息一起发送给甲。甲收到加密信息后，解密得到的明文，并验证明文没有被篡改，但甲始终认为是乙发送的信息。此时，需要一种方法确保一个特定的公钥属于一个特定的拥有者。

11.2.3 常见加解密算法

1. 对称加密算法

对称加密算法根据加密对象的不同可分为以下两类。

（1）流加密算法（Stream Algorithm）。

流加密算法在算法过程中连续输入元素，一次产生一个输出元素。典型的流密码算法一次加密一个字节的明文，密钥输入一个伪随机字节生成器，产生一个表面随机的字节流，称为密钥流。流加密算法一般用在数据通信信道、浏览器或网络链路上。

RC4 是常见的流加密算法，由 Ron Rivest 在 1987 年为 RSA Security 公司设计，其密钥长度可变，使用面向字节的操作，即实时把信息加密成一个整体。该算法的速度可以达到 DES（Data Encryption Standard，数据加密标准）的速度的 10 倍左右。

（2）分组加密算法（Block Algorithm）。

分组加密算法的输入为明文分组和密钥，明文被分为两半，这两半数据通过 n 轮处理后组合成密文分组，每轮的输入为上轮的输出；同时，子密钥也由密钥产生。其典型分组长度是 64 位。

分组算法包括以下几种。

① DES。DES 是由美国国家标准与技术研究院（National Institute of Standards and Technology，NIST）开发的。DES 是第一个得到广泛应用的密码算法，它使用相同的密钥来加密和解密。DES 输入的明文为 64 位，密钥为 56 位，生成的密文为 64 位 [把数据加密成 64 位的块（block）]。由于密码容量只有 56 位，因此针对其不具备足够安全性的弱点，人们后来又提出了三重数据加密标准（Triple DES，3DES）。

② 3DES。3DES 使用了 128 位密钥。信息首先使用 56 位的密钥加密，然后用另一个 56 位的密钥译码，最后用原始的 56 位密钥加密，这样 3DES 就使用了有效的 128 位长度的密钥。3DES 最大的优点是可以使用已存在的软件和硬件，并且应用在 DES 加密算法上的技术仍可以用在 3DES 上。

③ AES（Advanced Encryption Standard，高级加密标准）。AES 采用 128 位的分组长度，支持长度为 128 位、192 位和 256 位的密钥长度，并可支持不同的平台。128 位的密钥长度能够提供足够的安全性，而且比更长的密钥需要较少的处理时间。到目前为止，AES 还没有出现任何致命缺陷。由于快速 DES 芯片的大量生产，使得 DES 仍能继续使用，但 AES 取代 DES 和 3DES 以增强安全性和效率已是大势所趋。

④ IDEA（International Data Encryption Algorithm，国际数据加密算法）。IDEA 是对称分组密码算法，输入明文为 64 位，密钥为 128 位，生成的密文为 64 位。它应用于很多地点，如 SSL 就将 IDEA 包含在其加密算法库中。

⑤ RC2。RC2 是 Ron Rivest 为 RSA 公司设计的变长密钥加密算法，它是一种块模式的密文，即把信息加密成 64 位的数据。因为 RC2 可以使用不同长度的密钥，所以其密钥长度可以从零到无限大，并且加密的速度依赖于密钥的大小。

⑥ RC5。RC5 是由 Ron Rivest 于 1994 年设计的一种新型的分组密码算法。RC5 类似于 RC2，也是块模式的密文，但是这种算法采用不同的块大小和密钥大小。另外，此算法中数据所通过的迭代轮数也是不同的。

一般建议使用 128 位密钥的 RC5 算法，并运行 12 ~ 16 个迭代轮数。它是一种分组长度、密钥长度和迭代轮数都可变的分组迭代密码算法。

⑦ RC6。RC6 不像其他一些较新的加密算法，其包括整个算法的家族。RC6 系列在 1998 年被提出。RC5 算法在被提出来后，经调查发现其在对特殊的轮（round）加密时存在一个理论上的漏洞，而 RC6 系列的设计弥补了这个漏洞。

⑧ 国密算法。国密算法是由国家密码管理局编制的一种商用密码分组标准对称算法，其分组长度和密钥长度都为 128 位。在安全级别要求较高的情况下，使用 SM1 或 SM4 国密算法可以充分满足加密需求。

目前比较常用的对称密钥加密算法主要包括 DES、3DES、AES 算法。

2. 非对称加密算法

目前比较常用的非对称加密算法（公钥加密算法）主要包括 DH（Diffie–Hellman）、RSA（Ron Rivest、Adi Shamirh、Leonard Adleman）和 DSA（Digital Signature Algorithm，数字签名算法）算法。

（1）DH 算法。DH 算法一般用于双方协商出一个对称加密的密钥，即加密解密都是同一个密钥。其实质是双方共享一些参数，各自生成密钥，根据数学原理，各自生成的密钥是相同的，该密钥不会涉及在链路传输，但是之前的参数的交互会涉及链路传输。

（2）RSA 算法。RSA 算法是 1977 年由 Ron Rivest、Adi Shamirh 和 Leonard Adleman 开发的，其取名来自 3 位开发者姓氏首字母。RSA 是目前比较有影响力的公钥加密算法，它能够抵抗到目前为止已知的所有密码攻击，已被 ISO 推荐为公钥数据加密标准，是第一个能同时用于加密和数字签名的算法。

（3）DSA 算法。DSA 是 Schnorr 和 ElGamal 签名算法的变形，被 NIST 作为 DSS（Digital Signature Standard，数字签名标准），在保证数据的完整性、私有性、不可抵赖性等方面起着非常重要的作用。DSA 算法的安全性依赖于计算模数的离散对数的难度，其安全性与 RSA 相比差不多。在 DSA 数字签名和认证中，发送者使用自己的私钥对文件或消息进行签名，接收者收到消息后使用发送者的公钥验证签名的真实性。DSA 只是一种算法，其与 RSA 的不同之处在于不能进行加密和解密，也不能进行密钥交换，只用于签名，但它的速度比 RSA 要快很多。

3. 散列算法

散列算法就是把任意长度的输入变换成固定长度的输出。常见散列算法有 MD5（Message Digest Algorithm 5，消息摘要算法 5）、SHA（Secure Hash Algorithm，安全散列算法）、SM3（Senior Middle 3，商用密码 3）等。

（1）MD5。MD5 是计算机安全领域广泛使用的一种散列函数，用于确保信息传输完整一致。将数据（如汉字）运算为另一固定长度值，其作用是让大量信息在用数字签名软件签署私人密钥前被"压缩"成一种保密的格式。MD5 除了可以用于数字签名外，还可以用于安全访问认证。

（2）SHA–1。SHA–1 主要适用于数字签名标准中定义的数字签名算法。SHA 由美国国家安全局（National Security Agency，NSA）设计，并由 NIST 发布为联邦数据处理标准。SHA–1 可以生成一个被称为消息摘要的 160 位的散列值。SHA–1 比 MD5 要慢，但是更安全。这是因为它的签名比较长，具有更强大的防攻破功能，并可以更有效地发现共享密钥。

（3）SHA–2。SHA–2 是 SHA–1 的加强版本，其加密数据长度相比于 SHA–1 有所上升，安全性能要远远高于 SHA–1。SHA–2 算法包括 SHA2–256、SHA2–384 和 SHA2–512，密钥长度分别为 256 位、384 位和 512 位。

（4）SM3。SM3（国密算法）是国家密码管理局编制的商用算法，用于密码应用中的数字签名和验证、消息认证码的生成与验证及随机数的生成，可满足多种密码应用的安全需求。

以上几种算法各有特点，MD5 算法的计算速度比 SHA–1 算法快，而 SHA–1 算法的安全强度比 MD5 算法高，SHA–2、SM3 算法相对于 SHA–1 来说因加密数据位数的上升增加了破解的难度，使得其安全性能要远远高于 SHA–1。

11.3　数字证书

微课视频

11.3.1　数字证书的定义

数字证书是互联网通信中标志通信各方身份信息的一串数字，提供了一种在 Internet 上验证通信实体身份的方式。数字证书不是数字身份证，而是身份认证机构盖在数字身份证上的一个章或印（或者说加在数字身份证上的一个签名）。它是由权威机构——认证机构（Certificate Authority，CA）发行的，人们可以在网上用它来识别对方的身份。

简单来说，数字证书（证书）是一个经 CA 数字签名的文件，包含拥有者的公钥及相关身份信息。

数字证书是一种权威性的电子文档，可以由权威公正的第三方机构，即 CA（如中国各地方的 CA 公司）签发，也可以由企业级 CA 系统进行签发。

以数字证书为核心的加密技术（如加密传输、数字签名、数字信封等安全技术）可以对网络上传输的信息进行加密和解密、数字签名和签名验证，以确保网上传递信息的机密性、完整性及交易的不可抵赖性。使用了数字证书，即使用户发送的信息在网上被他人截获，甚至用户丢失了个人账户、密码等信息，仍可以保证用户的账户、资金安全。

数字证书可以说是 Internet 上的安全护照或身份证。当人们到其他国家旅行时，用护照可以证实其身份，并被获准进入这个国家。数字证书提供的是网络上的身份证明。

数字证书技术解决了数字签名技术中无法确定公钥是否为指定拥有者的问题。

11.3.2　数字证书的分类

根据数字证书的颁发机构和使用者的不同，数字证书可以分为以下 4 类。

1. 自签名证书

该证书又称为根证书，是自己颁发给自己的证书，即证书中的颁发者和主体名相同。申请者无法向 CA 申请本地证书时，可以通过设备生成自签名证书，并可以实现简单证书颁发功能。设备不支持对其生成的自签名证书进行生命周期管理（如证书更新、证书撤销等）。

2. CA 证书

该证书是 CA 自身的证书。如果 PKI 系统中没有多层级 CA，CA 证书就是自签名证书；如果有多层级 CA，则会形成一个 CA 层次结构，最上层的 CA 是根 CA，它拥有一个 CA "自签名" 的证书。申请者通过验证 CA 的数字签名从而信任 CA，任何申请者都可以得到 CA 的证书（含公钥），用以验证它所颁发的本地证书。

3. 本地证书

该证书是 CA 颁发给申请者的证书。

4. 设备本地证书

该证书是设备根据 CA 证书给自己颁发的证书，证书中的颁发者名称是 CA 服务器的名称。申请者无法向 CA 申请本地证书时，可以通过设备生成设备本地证书，并可以实现简单证书颁发功能。

11.3.3　数字证书的结构

最简单的证书包含一个公开密钥、名称和证书授权中心的数字签名。数字证书还有一个重要的特征，即只在特定的时间段内有效。数字证书的格式普遍采用的是 X.509v3 国际标准，其结构如图 11-6 所示。

图 11-6　数字证书的结构

11.3.4　数字证书的文件格式

数字证书主要的文件类型有 PEM、DER、PFX、JKS、KDB、CER、KEY、CSR、CRT、CRL 等。

华为设备主要支持以下 3 种文件格式保存证书。

1. PKCS#12

PKCS#12（Public-Key Cryptography Standards，公钥加密标准#12）以二进制格式保存证书，可以包含私钥，也可以不包含私钥。通常可以将 Apache/OpenSSL 使用的 "KEY 文件 + CRT 文件" 格式合并转换为标准的 PFX 文件，可以将 PFX 文件格式导入微软公司的 IIS 5/6、ISA、Exchange Server 等软件。转换时需要输入 PFX 文件的加密密码。其常用的扩展名有.P12 和.PFX。

2. DER

DER（Distinguished Encoding Rules，可辨别编码规则）可包含所有私钥、公钥和证书。它是大多数浏览器的默认格式，并按 ASN1 DER 格式存储，以二进制格式保存证书，不包含私钥。其常用的扩展名有.DER、.CER 和.CRT。

3. PEM

OpenSSL 使用 PEM（Privacy Enhanced Mail，隐私增强邮件）格式存放各种信息，它是 OpenSSL 默认采用的信息存放方式。它以 ASCII 码格式保存证书，可以包含私钥，也可以不包含私钥。其常用的扩展名有.PEM、.CER 和.CRT。

11.4　公钥基础设施

随着网络技术和信息技术的发展，电子商务已逐步被人们所接受，并得到不断普及。但通过网络进行电子商务交易时存在诸多问题。

（1）交易双方并不在现场交易，无法确认双方的合法身份。

（2）通过网络传输时信息易被窃取和篡改，无法保证信息的安全性。

（3）交易双方发生纠纷时没有凭证可依，无法提供仲裁。

使用传统的数据加密和验证技术会存在各种问题，如图 11-7 所示。为了解决这些问题，PKI 技术应运而生，其利用公钥技术保证在交易过程中能够实现身份认证、保密、数据完整性和不可否认性，因而在网络通信和网络交易中，特别是电子政务和电子商务业务中，PKI 技术得到了广泛的应用。

PKI 的核心技术围绕着数字证书的申请、颁发和使用等整个生命周期展开，而在这整个生命周期中，PKI 会使用到对称密钥加密、公钥加密、数字信封和数字签名技术。

图 11-7　不同加密和验证技术存在的问题

11.4.1　PKI 定义

公钥基础设施（Public Key Infrastructure，PKI）是一种遵循标准的利用公钥加密技术为电子商务的开展提供一套安全基础平台的技术和规范，是一种遵循既定标准的证书管理平台，它利用公钥技术能够为所有网络应用提供安全服务。PKI 技术是信息安全技术的核心，也是电子商务的关键和基础技术。

为了区别于权限管理基础设施（Privilege Management Infrastructure，PMI），X.509 标准将 PKI 定义为支持公开密钥管理并能支持认证、加密、完整性和可追究性服务的基础设施。该定义不但叙述了 PKI 能提供的安全服务，而且强调了 PKI 必须支持公开密钥的管理。也就是说，仅仅使用公钥技术还不能称其为 PKI，还应该提供公开密钥的管理。

11.4.2　PKI 体系架构

一个 PKI 体系由终端实体（End Entity，EE）、CA、注册机构（Registration Authority，RA）和证书/证书吊销列表（Certificate Revocation List，CRL）存储库 4 部分共同组成，如图 11-8 所示。

图 11-8 PKI 体系架构

1. EE

EE 也称为 PKI 实体，它是 PKI 产品或服务的最终使用者，可以是个人、组织、设备（如路由器、防火墙）或计算机中运行的进程。

2. CA

CA 是 PKI 的信任基础，是一个用于颁发并管理数字证书的可信实体。它是一种具有权威性、可信任性和公正性的第三方机构，通常由服务器充当，如 Windows Server 2008。

CA 通常采用多层次的分级结构，根据证书颁发机构的层次，可以划分为根 CA 和从属 CA。

根 CA 是公钥体系中第一个证书颁发机构，它是信任的起源。根 CA 可以为其他 CA 颁发证书，也可以为其他计算机、用户、服务颁发证书。对大多数基于证书的应用程序来说，使用证书的认证都可以通过证书链追溯到根 CA。根 CA 通常持有一个自签名证书。

从属 CA 必须从上级 CA 处获取证书。上级 CA 可以是根 CA 或者是一个已由根 CA 授权可颁发从属 CA 证书的从属 CA。上级 CA 负责签发和管理下级 CA 的证书，最下一级的 CA 直接面向用户。例如，CA2 和 CA3 是从属 CA，持有 CA1 发行的 CA 证书；CA4、CA5 和 CA6 是从属 CA，持有 CA2 发行的 CA 证书。

当某个 PKI 实体信任一个 CA 时，则可以通过证书链来传递信任。证书链就是从用户的证书到根证书所经过的一系列证书的集合。当通信的 PKI 实体收到待验证的证书时，会沿着证书链依次验证其颁发者的合法性。

CA 的核心功能就是发放和管理数字证书，包括证书的颁发、证书的更新、证书的撤销、证书的查询、证书的归档、CRL 的发布等。

3. RA

RA 是数字证书注册审批的机构，RA 是 CA 面对用户的窗口，是 CA 的证书发放、管理功能的延伸。RA 负责接收用户的证书注册和撤销申请，对用户的身份信息进行审查，并决定是否向 CA 提交签发或撤销数字证书的申请。RA 是 CA 功能的一部分，在实际应用中，通常 RA 并不一定独立存在，而是与 CA 合并在一起。RA 也可以独立出来，分担 CA 的一部分功能，以减轻 CA 的压力，增强 CA 系统的安全性。

4. 证书/CRL 存储库

当出现用户名称更改、私钥泄露或业务中止等情况时，需要一种方法将现行的证书吊销，即撤销公钥及相关的 PKI 实体身份信息的绑定关系。在 PKI 中，所使用的这种方法为 CRL。任何一个证书被撤销以后，CA 就要发布 CRL 来声明该证书是无效的，并列出所有被废除的证书的序列号。因此，CRL 提供了一种检验证书有效性的方式。证书/CRL 存储库用于对证书和 CRL 等信息进行存储和管理，并提供查询功能。构建证书/CRL 存储库可以采用 LDAP 服务器、FTP 服务器、HTTP 服务器或者数据库等。其中，LDAP 规范简化了笨重的 X.500 目录访问协议，支持 TCP/IP，已经在 PKI 体系中被广泛应用于证书信息发布、CRL 信息发布、CA 政策及与信息发布相关的各个方面。如果证书规模不是太大，也可以选择架设 HTTP、FTP 等服务器来储存证书，并为用户提供下载服务。

11.4.3　PKI 生命周期

PKI 的核心技术围绕着本地证书的申请、颁发、存储、下载、安装、验证、更新和撤销的整个生命周期展开。

1. 证书申请

证书申请即证书注册，就是一个 PKI 实体向 CA 自我介绍并获取证书的过程。

通常情况下，PKI 实体会生成一对公私钥，公钥和自己的身份信息（包含在证书注册请求消息中）被发送给 CA，用来生成本地证书；私钥 PKI 实体自己保存，用来数字签名和解密对端实体发送过来的密文。

PKI 实体向 CA 申请本地证书有以下两种方式。

（1）在线申请。PKI 实体支持通过简单证书注册协议（Simple Certificate Enrollment Protocol，SCEP）或证书管理协议第 2 版（Certificate Management Protocol version 2，CMPv2）向 CA 发送证书注册请求消息来申请本地证书。

（2）离线申请（PKCS#10 方式）。该方式是指 PKI 实体使用 PKCS#10 格式打印出本地的证书注册请求消息并保存到文件中，通过带外方式（如 Web、磁盘、电子邮件等）将文件发送给 CA 进行证书申请。

2. 证书颁发

PKI 实体向 CA 申请本地证书时，如果有 RA，则先由 RA 审核 PKI 实体的身份信息，审核通过后，RA 将申请信息发送给 CA。CA 再根据 PKI 实体的公钥和身份信息生成本地证书，并将本地证书信息发送给 RA。如果没有 RA，则直接由 CA 审核 PKI 实体身份信息。

3. 证书存储

CA 生成本地证书后，CA/RA 会将本地证书发布到证书/CRL 存储库中，为用户提供下载服务和目录浏览服务。

4. 证书下载

PKI 实体通过 SCEP 或 CMPv2 协议向 CA 服务器下载已颁发的证书，或者通过 LDAP、HTTP 等带外方式，下载已颁发的证书。该证书可以是自己的本地证书，也可以是 CA/RA 证书或者其他 PKI 实体的本地证书。

5. 证书安装

PKI 实体下载证书后，还需安装证书，即将证书导入设备的内存中，否则证书不生效。该证书可以是自己的本地证书，也可以是 CA/RA 证书，或其他 PKI 实体的本地证书。通过 SCEP 协议申请证书时，PKI 实体先获取 CA 证书并将 CA 证书自动导入设备内存中，然后获取本地证书并将本地证书自动导入设备内存中。

6. 证书验证

PKI 实体获取对端实体的证书后，当需要使用对端实体的证书时（如与对端建立安全隧道或安全连接），通常需要验证对端实体的本地证书和 CA 的合法性（证书是否有效或者是否属于同一个 CA 颁发等）。如果证书颁发者的证书无效，则由该 CA 颁发的所有证书都不再有效。但在 CA 证书过期前，设备会自动更新 CA 证书，异常情况下才会出现 CA 证书过期现象。PKI 实体可以使用 CRL 或者在线证书状态协议（Online Certificate Status

Protocol，OCSP）方式检查证书是否有效。使用 CRL 方式时，PKI 实体先查找本地内存的 CRL，如果本地内存没有 CRL，则需下载 CRL 并安装到本地内存中；如果证书在 CRL 中，则表示此证书已被撤销。使用 OCSP 方式时，PKI 实体向 OCSP 服务器发送一个对证书状态信息的请求，OCSP 服务器会回复一个"有效"（证书没有被撤销）、"过期"（证书已被撤销）或"未知"（OCSP 服务器不能判断请求的证书状态）的响应。

7. 证书更新

当证书过期、密钥泄露时，PKI 实体必须更换证书，可以通过重新申请来达到更新的目的，也可以使用 SCEP 或 CMPv2 协议自动进行更新。

8. 证书撤销

由于用户身份、用户信息或者用户公钥的改变、用户业务中止等因素，用户需要将自己的数字证书撤销，即撤销公钥与用户身份信息的绑定关系。在 PKI 中，CA 主要采用 CRL 或 OCSP 撤销证书，而 PKI 实体撤销自己的证书是通过带外方式申请的。

11.4.4　PKI 工作过程

针对一个使用 PKI 的网络，配置 PKI 的目的就是为指定的 PKI 实体向 CA 申请一个本地证书，并由设备对证书的有效性进行验证，如图 11-9 所示。

图 11-9　PKI 工作过程

11.5　证书应用场景

11.5.1　通过 HTTPS 登录 Web

管理员可以通过 HTTPS 方式安全地登录 HTTPS 服务器的 Web 界面，并通过 Web 界面对设备进行管理，如图 11-10 所示。

图 11-10 通过 HTTPS 登录 Web

　　为了提高双方建立 SSL 连接时的安全性，在设备上为 HTTPS 客户端指定由 Web 浏览器信任的 CA 颁发的本地证书。这样，Web 浏览器就可以验证本地证书的合法性，避免了可能存在的主动攻击，保证了管理员的安全登录。

11.5.2 IPSec VPN 登录

　　由于公网是不安全的网络，为了保护数据的安全性，设备采用 IPSec 技术，与对端设备建立 IPSec 隧道。通常情况下，IPSec 采用预共享密钥方式协商 IPSec。但是，在大型网络中，IPSec 采用预共享密钥方式时存在密钥交换不安全和配置工作量大的问题。为了解决上述问题，设备之间可以采用基于 PKI 的证书进行身份认证来完成 IPSec 隧道的建立，如图 11-11 所示。

图 11-11 IPSec VPN 登录

11.5.3　SSL VPN 登录

通常情况下，出差员工使用用户名和密码的方式接入内部网络。但是，这种安全手段存在保密性差的问题，一旦用户名和密码泄露，可能导致非法用户接入内部网络，从而造成信息泄露。为了提高出差员工访问内部网络的安全性，设备可以采用 PKI 的证书方式来对用户进行认证。SSL VPN 可以为出差员工提供方便的接入功能，使其在出差期间也可以正常访问内部网络，如图 11-12 所示。

图 11-12　SSL VPN 登录验证

本章小结

本章主要介绍了数据传输与验证安全的相关内容，包括加密技术的定义、作用和发展史；加密技术的分类、数据加密与验证和常见加解密算法；数字证书的定义、分类、结构和文件格式；PKI 定义、PKI 体系架构、PKI 生命周期和 PKI 工作过程；通过 HTTPS 登录 Web、IPSec VPN 登录和 SSL VPN 登录。学习这些内容，可以为后面的课程打下坚实的基础。

技能拓展

◇　详解人类加密技术发展史

在人类的加密史上，最早的密码雏形出现在公元前 5 世纪，古希腊人使用一根名为 scytale 的棍子来传递加密信息，如图 11-13 所示。

公元前 1 世纪，凯撒为了能够确保他与远方的将军之间的通信不被敌人的间谍所获知，发明了凯撒密码。每个字母都与其后第 3 位字母对应，然后进行替换。例如，a 对应于 d，b 对应于 e，依此类推。

20 世纪早期，德国发明了名为 Enigma 的三转轮密码机，其核心部件如图 11-14 所示。Enigma 轮转加密机能对明文进行自动加密，产生的可能性高达 1016 种，当时处于世界领先地位，在第二次世界大战期间被德军大量使用。后来，波兰人首先破译了德军密码，并发明了名为 Bomba 的密码破译机，能在 2 小时内破解密码。波兰被占领前夕，波兰人把 Bomba 交给了英国，并在布莱切利园（Bletchley Park）内继续研发。

图 11-13 scytale

图 11-14 Enigma 三转轮密码机的核心部件：控制轮

关于密码学的历史，其中有许多动人的故事，但事实上密码学一直发展缓慢。其实在 1976 年以前，所有的加密方法都是同一种模式，即甲方选择一种加密规则，对信息进行加密；乙方使用同一种规则，对信息进行解密。

由于加密和解密使用同样规则（简称密钥），于是这种模式被称为对称加密算法。这种模式有一个最大的弱点：甲方必须把密钥告诉乙方，否则无法解密，所以保存和传递密钥就成了最头疼的问题。

1976 年，两位美国计算机学家威特菲尔德·迪菲（Whitfield Diffie）和马丁·赫尔曼（Martin Hellman）首次证明可以在不直接传递密钥的情况下完成解密，这被称为 Diffie-Hellman 密钥交换算法（DH 算法）。DH 算法的出现有着划时代的意义，从这一刻起，启示人们加密和解密可以使用不同的规则，只要规则之间存在某种对应关系即可。这种新的模式也被称为非对称加密算法，即乙方生成两把密钥——公钥和私钥。公钥是公开的，任何人都可以获得；私钥则是保密的。甲方获取乙方的公钥，用它对信息加密；乙方得到加密后的信息，用私钥解密。公钥加密的信息只有私钥解得开，只要私钥不泄露，通信就是安全的。

就在 DH 算法发明的下一年，1977 年，罗纳德·李维斯特（Ron Rivest）、阿迪·萨莫尔（Adi Shamir）和伦纳德·阿德曼（Leonard Adleman）在麻省理工学院一起提出了 RSA 算法，RSA 就是由他们三人姓氏开头字母组成的，如图 11-15 所示。

图 11-15 RSA 算法发明者

RSA 是一个划时代的、只能用算力来破解的加密算法，如图 11-16 所示。

新诞生的 RSA 算法比 DH 算法更为强大，因为 DH 算法仅用于密钥分配，而 RSA 算法既可以进行信息加密，也可以用于数字签名。另外，RSA 算法的密钥越长，其破解的难度就越大，破解的难度呈指数级增长。

$$c^d \equiv m \pmod{n}$$

图 11-16 RSA 算法

RSA 算法性能强大，可以毫不夸张地说，只要有计算机网络的地方，就有 RSA 算法。

目前，除了暴力破解 RSA 算法外，还没有发现其他有效方法。也就是说，只要密钥长度足够长，用 RSA 加密的信息实际上是不能被解破的。

由于 RSA 算法的高可靠性，现在已被运用到人们生活的各个方面。其最重要的应用莫过于为信息在互联网上传输提供保障。运用 RSA 算法后，信息在传输过程中即使被截获，也难以进行解密，从而保证了信息传输的安全。只有拥有私钥的人，才可以对信息进行解读。

例如，银行交易的 U 盾是用户身份的唯一证明，U 盾第一次使用时，运用 RSA 算法产生私钥并保存在 U 盾之中。在以后的使用中，只有用私钥解密交易信息，才能执行后面的交易操作，保障用户的利益。

现在假冒伪劣产品不少，企业需要使用一些防伪手段。目前最常见的防伪手段是二维码防伪，消费者通过扫一扫操作即可进行产品验证。但是，二维码如果以明文形式展示，则容易被不法分子利用，目前已有人运用 RSA 算法对二维码的明文进行加密，以保障消费者的利益。

RSA 算法是这个时代非常优秀的加密算法之一，其安全性建立在一个数学事实的基础上：将两个大质数相乘非常容易，但要对其乘积进行因式分解却非常困难，因此可以将其乘积公开作为加密的密钥。

"江山代有才人出，各领风骚数百年。"一个时代，必然有属于这个时代的优秀算法，RSA 即是我们所处这个时代的佼佼者。但随着量子计算机的诞生，计算能力即将急剧增长，算力在未来可能不是一个稀缺物品。而算力又是破解 RSA 算法的唯一钥匙。到那个时候，又有什么算法能够保障我们的信息安全呢？

📝 课后习题

1. 数据加密模型三要素是（　　）。
   A. 信息明文　　　　B. 密钥　　　　　　C. 信息密文　　　　D. 加密算法
2. 加密技术的作用有（　　）。
   A. 完整性　　　　　B. 保密性　　　　　C. 鉴别性　　　　　D. 不可否认性
3. 最先有意识地使用加密技术是（　　）。
   A. 古印度人　　　　B. 古巴比伦人　　　C. 古希腊人　　　　D. 古中华人
4. 以下加密算法中，属于分组加密算法的有（　　）。
   A. RC4　　　　　　B. DES　　　　　　C. 3DES　　　　　　D. AES
5. 以下加密算法中，属于流加密算法的有（　　）。
   A. RC2　　　　　　B. RC4　　　　　　C. RC5　　　　　　D. RC6
6. 下列算法中，（　　）属于非对称加密算法。
   A. DH　　　　　　B. RSA　　　　　　C. DSA　　　　　　D. IDEA
7. 下列算法中，（　　）属于散列算法。
   A. MD5　　　　　　B. SHA　　　　　　C. SM3　　　　　　D. DES
8. 以下（　　）属于对称加密算法。
   A. MD5　　　　　　B. RSA　　　　　　C. DES　　　　　　D. AES
9. 以下（　　）是数字信封采用的算法。
   A. 对称加密算法　　B. 非对称加密算法　C. 散列算法　　　　D. 同步算法
10. 华为设备支持（　　）数据证书类型。
    A. 自签名证书　　　B. CA 证书　　　　C. 本地证书　　　　D. 设备本地证书
11. 以下（　　）不属于 USG6000 系列防火墙支持的证书格式。
    A. PKCS#12　　　　B. DER　　　　　　C. PEM　　　　　　D. TXT

12. PKI 体系由（　　）组成。

    A. 终端实体　　　　　B. 认证机构　　　　C. 注册机构　　　　D. 证书/CRL 存储库

13. 下列（　　）不属于 PKI 生命周期的内容。

    A. 申请　　　　　　　B. 颁发　　　　　　C. 存储　　　　　　D. 修改

14. PKI 实体向 CA 申请本地证书的方式有（　　）。

    A. 在线申请　　　　　B. 本人申请　　　　C. 离线申请　　　　D. 他人申请

第 12 章

VPN技术应用

知识目标

① 掌握密码学的定义。

② 掌握密码学的应用。

③ 掌握 VPN 的概念。

能力目标

掌握 VPN 的配置。

素质拓展

维护网络安全不应有双重标准，不能一个国家安全而其他国家不安全，一部分国家安全而另一部分国家不安全，更不能以牺牲别国安全谋求自身所谓的"绝对安全"。

课程导入

随着公司业务的不断增长，华安公司出差人员逐渐增多，对于内部资料的调用也越来越频繁，但随之而来的信息安全问题和访问权限问题也越来越多。公司技术部门决定在内部网络配置 VPN，为出差人员提供数据服务。技术员小安承担了该任务，但他对 VPN 不是特别熟悉，于是他决定好好学习一下相关的知识。

相关内容

12.1 密码学

12.1.1 密码学的定义

密码学是研究编制密码和破译密码的技术科学。其中，研究密码变化的客观规律，应用于编制密码以保守通信秘密的称为编码学；应用于破译密码以获取通信情报的称为破译学，总称密码学。

密码学源于希腊语 kryptós（"隐藏的"）和 gráphein（"书写"），是研究如何隐秘地传递信息的学科，在现代特别指对信息及其传输的数学性研究，常被认为是数学和计算机科学的分支，其与信息论密切相关。著名的密码学者 Ron Rivest 解释道："密码学是关于如何在敌人存在的环境中进行通信的学科。"

12.1.2 密码学的应用

密码学是信息安全等相关议题（如认证、访问控制）的核心。密码学的首要目的是隐藏信息的含义，但并不是隐藏信息的存在。密码学也促进了计算机科学，特别是计算机与网络安全所使用的技术的发展，如访问控制与信息的机密性。如今，密码学已被应用在日常生活中，包括自动柜员机的芯片卡、计算机使用者存取密码、电子商务等。

在数据通信中，密码学的应用主要有数字信封、数字签名和数字证书。

（1）数字信封：结合对称和非对称加密，从而保证数据传输的机密性。

（2）数字签名：采用散列算法，从而保证数据传输的完整性。

（3）数字证书：通过 CA 对公钥进行公证，从而保证数据传输的不可否认性。

结合到实际的网络应用场景，数字信封、数字签名和数字证书又有对应场景的应用，如 VPN、IPv6、HTTPS 登录、系统登录授权等。

12.2 VPN 简介

微课视频

12.2.1 VPN 的定义

VPN 通过共享的公共网络建立私有的数据通道，将各个需要接入这张虚拟网的网络或终端通过通道连接起来，构成一个专用的、具有一定安全性和服务质量保证的网络。

在此定义中包含以下两个关键点。

（1）虚拟：用户不再需要拥有实际的专用长途数据线路，而是利用 Internet 的长途数据线路建立自己的私有网络。

（2）专用网络：用户可以制定一个最符合自己需求的网络。

传统的 VPN 组网主要采用专线 VPN 和基于客户端设备的加密 VPN 两种方式。专线 VPN 是指用户租用数字数据网（Digital Data Network，DDN）电路、异步传输方式（Asynchronous Transfer Mode，ATM）永久性虚电路（Permanent Virtual Circuit，PVC）、FR PVC 等组建一个二层的 VPN 网络，骨干网络由电信运营商进行维护，客户负责管理自身的站点和路由。基于客户端设备的加密 VPN 则全部由客户端设备来实现 VPN 的功能，VPN 各成员之间通过非信任的公网实现互联。第一种方式的成本比较高，扩展性也不好；第二种方式对用户端设备及人员的要求较高。

IETF 草案对基于 IP 的 VPN 的理解是"使用 IP 机制仿真出一个私有的广域网",即通过隧道技术在公共数据网络上模拟出一条点到点的专线技术。

随着 IP 数据通信技术的不断发展,基于 IP 的 VPN 技术逐渐成为 VPN 市场的主流。由于 IP VPN 采用 IP 网络来承载,而且运营商网络越来越完善,因此其成本较低,服务质量也足以满足客户需求,并且具有较好的可扩展性和可管理性。也正因如此,越来越多的用户开始选择 IP VPN,运营商也开始建设 IP VPN 来吸引更多的用户。

12.2.2　VPN 分类

1. 按业务用途类型划分

按照业务用途类型,可以将 VPN 划分为远程访问虚拟网(Access VPN)、企业内部虚拟网(Intranet VPN)和企业扩展虚拟网(Extranet VPN)。这 3 种类型的 VPN 分别与传统的远程访问网络、企业内部的 Intranet 及企业网和相关合作伙伴的企业网所构成的 Extranet 相对应。

2. 按实现层次划分

按实现层次,可以将 VPN 划分为 SSL VPN、三层 VPN(L3VPN)和二层 VPN(L2VPN),如图 12-1 所示。

图 12-1　按实现层次划分 VPN

(1)SSL VPN。

从概念角度来说,SSL VPN 是指采用 SSL 协议实现远程接入的一种新型 VPN 技术。SSL 协议包括服务器认证、客户认证(可选)、SSL 链路上的数据完整性和 SSL 链路上的数据保密性。对于内、外部应用来说,使用 SSL 可保证信息的真实性、完整性和保密性。

SSL 协议是一种在 Internet 上保证发送信息安全的通用协议,采用 B/S 结构。它处在应用层,SSL 用公钥加密,通过 SSL 连接传输的数据来工作。SSL 协议指定了在应用程序协议和 TCP/IP 之间进行数据交换的安全机制,为 TCP/IP 连接提供数据加密、服务器认证及可选择的客户机认证服务。

SSL 协议可分为两层。SSL 记录协议(SSL Record Protocol)建立在可靠的传输协议(如 TCP)之上,为高层协议提供数据封装、压缩、加密等基本功能的支持;SSL 握手协议(SSL Handshake Protocol)则建立在 SSL 记录协议之上,用于在实际的数据传输前,通信双方进行身份认证、协商加密算法、交换加密密钥等。

(2)L3VPN。

L3VPN 主要是指工作在协议栈的网络层的 VPN 技术。以 IPSec VPN 技术为例,IPSec 报头与 IP 报头工作在同一层次,封装报文时或者是以 IP in IP(把要传送的 IP 报文封装在另一 IP 报文中)的方式进行封装,或者是 IPSec 报头与 IP 报头同时对数据载荷进行封装。除 IPSec VPN 技术外,主要的 L3VPN 技术还有 GRE VPN。GRE VPN 产生的时间比较早，实现的机制也比较简单。GRE VPN 可以实现任意一种网络协议在另一种网络协议上的封装。与 IPSec 相比，其安全性没有得到保证，只能提供有限且简单的安全机制。

（3）L2VPN。

与 L3VPN 类似，L2VPN 是指工作在协议栈的数据链路层的 VPN 技术，即数据链路层。L2VPN 主要包括的协议有 PPTP、二层转发（Layer 2 Forwarding，L2F）协议和 L2TP。

3. 按应用场景划分

每种 VPN 都有自己的应用场景，根据应用场景可以做如下区分。

（1）站点到站点 VPN（Site-to-Site VPN）。该 VPN 用于两个局域网之间建立连接，可采用的 VPN 技术有 IPSec、L2TP、L2TP over IPSec、GRE over IPSec、IPSec over GRE。

（2）个人到站点 VPN（Client-to-Site VPN）。该 VPN 用于客户端与企业内网之间建立连接，可采用的 VPN 技术有 SSL、IPSec、L2TP、L2TP over IPSec。

12.2.3　L2TP VPN

L2TP 是为在用户和企业的服务器之间透明传输 PPP 报文而设置的隧道协议。PPP 定义了一种封装技术，可以在二层的点到点链路上传输多种协议数据包，这时用户与 NAS 之间运行 PPP，二层链路端点与 PPP 会话点驻留在相同的硬件设备上。L2TP 提供了对 PPP 链路层数据包的隧道（Tunnel）传输支持，允许二层链路端点和 PPP 会话点驻留在不同设备上并且采用包交换网络技术进行信息交互，从而扩展了 PPP 模型。从某个角度来讲，L2TP 实际上是一种 PPPoIP（PPP over IP）的应用，就像 PPPoE 一样，都是网络应用想利用 PPP 的特性来弥补网络自身的不足。另外，L2TP 还结合了 L2F 协议和 PPTP 的各自优点，成为 IETF 有关二层隧道协议的工业标准。

L2TP VPN 主要有 3 种使用场景：NAS-Initiated VPN、LAC 自动拨号和 Client-Initiated VPN。下面主要介绍最为常用的 Client-Initiated VPN 拨号场景。

Client-Initiated VPN 拨号场景一般用于出差员工使用 PC、手机等移动设备接入总部服务器。企业驻外机构和出差人员可从远程经由公共网络，通过虚拟隧道实现与企业总部之间的网络连接，从而实现移动办公的场景，这也是最为常用的 L2TP 拨号方式。

Client-Initiated VPN 中，每个接入用户与 LNS 之间均建立一条隧道，每条隧道中仅承载一条 L2TP 会话和 PPP 连接，其数据处理流程如图 12-2 所示。

图 12-2　Client-Initiated VPN 方式 L2TP VPN 数据处理流程

L2TP 隧道的呼叫建立流程如图 12-3 所示。

图 12-3　Client-Initiated VPN 方式 L2TP 隧道呼叫建立流程

（1）当接入用户拨号到 LNS 时，首先触发接入用户和 LNS 之间建立 L2TP 隧道。

（2）L2TP 隧道建立成功后，在隧道基础上建立 L2TP 会话。

（3）LNS 对用户进行认证。

（4）用户与 LNS 之间建立 PPP 连接。

（5）用户在 PPP 连接基础上通过 LNS 访问内网资源。

12.2.4　GRE VPN

GRE 是一种三层 VPN 封装技术。GRE 可以对某些网络层协议［如互联网分组交换协议（Internetwork Packet Exchange Protocol，IPX）、Apple Talk、IP 等］的报文进行封装，使封装后的报文能够在另一种网络中（如 IPv4）传输，从而解决了跨越异种网络的报文传输问题。异种报文传输的通道称为隧道（Tunnel）。

隧道是一个虚拟的点对点的连接，可以看成仅支持点对点连接的虚拟接口。该接口提供了一条通路，使封装的数据报文能够在这个通路上传输，并在一个隧道的两端分别对数据报文进行封装及解封装，如图 12-4 所示。

图 12-4　GRE 隧道

1. 隧道接口

隧道接口是为实现报文的封装而提供的一种点对点类型的虚拟接口，与 Loopback 接口类似，都是一种逻辑接口。经过手工配置，成功建立隧道之后，就可以将隧道接口看成一个物理接口，可以在其上运行动态路由协议或配置静态路由。

隧道接口包含以下元素。

（1）源地址：报文传输协议中的源地址。从负责封装后报文传输的网络来看，隧道的源地址就是实际发送报文的接口 IP 地址。

（2）目的地址：报文传输协议中的目的地址。从负责封装后报文传输的网络来看，隧道本端的目的地址就是隧道目的端的源地址。

（3）隧道接口 IP 地址：为了在隧道接口上启用动态路由协议或使用静态路由协议发布隧道接口，要为隧道接口分配 IP 地址。隧道接口的 IP 地址可以不是公网地址，甚至可以借用其他接口的 IP 地址以节约 IP 地址。但是，当隧道接口借用 IP 地址时，由于隧道接口本身没有 IP 地址，无法在此接口上启用动态路由协议，因此必须配置静态路由或策略路由才能实现路由器间的连通性。

（4）封装类型：该隧道接口对报文进行的封装方式。一般情况下有 4 种封装方式，分别是 GRE、多协议标签交换（Multi-Protocol Lable Switch，MPLS）流量工程（Traffic Engineering，TE）、IPv6-IPv4 和 IPv4-IPv6。

2. 封装与解封装

报文在 GRE 隧道中传输包括封装和解封装两个过程。如图 12-5 所示，如果私网报文从防火墙 A（FW_A）向防火墙 B（FW_B）传输，则封装在 FW_A 上完成，而解封装在 FW_B 上进行。

图 12-5　GRE 隧道封装与解封装

FW_A 从连接私网的接口接收到私网报文后，首先交由私网上运行的协议模块进行处理。

私网协议模块检查私网报文头中的目的地址并在私网路由表或转发表中查找出接口，确定如何路由此包。如果发现出接口是隧道接口，则将此报文发给隧道模块。隧道模块收到此报文后进行如下处理。

（1）隧道模块根据乘客报文的协议类型和当前 GRE 隧道所配置的 Key 和 Checksum 参数对报文进行 GRE 封装，即添加 GRE 头。

（2）根据配置信息（传输协议为 IP）给报文加上 IP 头。该 IP 头的源地址就是隧道源地址，IP 头的目的地址就是隧道目的地址。

（3）将该报文交给 IP 模块处理，IP 模块根据该 IP 头目的地址在公网路由表中查找相应的出接口并发送报文，封装后的报文将在该 IP 公共网络中传输。

解封装过程与封装过程相反。FW_B 从连接公网的接口收到该报文，分析 IP 头后发现报文的目的地址为本设备，且协议字段值为 47，表示协议为 GRE（参见 RFC 1700），于是交给 GRE 模块进行处理。GRE 模块去掉 IP 头和 GRE 报头，并根据 GRE 头的协议类型字段发现此报文的乘客协议为私网上运行的协议，于是交由此协议进行处理。此协议像对待一般数据报文一样对此数据报文进行转发。GRE 报文处理过程如图 12-6 所示。

PC_A 通过 GRE 隧道访问 PC_B 时，FW_A 和 FW_B 上的报文转发过程如下。

（1）PC_A 访问 PC_B 的原始报文进入 FW_A 后，首先匹配路由表。

（2）根据路由查找结果，FW_A 将报文送到隧道接口进行 GRE 封装，增加 GRE 头，并在外层加新 IP 头。

（3）FW_A 根据 GRE 报文的新 IP 头的目的地址（2.2.2.2）再次查找路由表。

（4）FW_A 根据路由查找结果转发报文。

（5）FW_B 收到 GRE 报文后，首先判断该报文是不是 GRE 报文。封装后的 GRE 报文会有一个新的 IP 头，这个新的 IP 头中有一个协议字段，字段中标识了内层协议类型。如果协议的字段值是 47，就表示这个报文是 GRE 报文。如果是 GRE 报文，则 FW_B 将该报文送到隧道接口解封装，去掉新的 IP 头、GRE 头，恢复为原始报文；如果不是，则报文按照普通报文进行处理。

（6）FW_B 根据原始报文的目的地址再次查找路由表，并根据路由匹配结果转发报文。

图 12-6　GRE 报文处理过程

3. GRE 安全策略

从原始报文进入 GRE 隧道开始，到 GRE 报文被防火墙转出，这个过程报文跨越了两个域间关系。由此可以将 GRE 报文所经过的安全域看成两个部分，一部分是原始报文进入 GRE 隧道前所经过的安全区域，另一部分是报文经过 GRE 封装后经过的安全区域。PC_A 发出的原始报文进入隧道接口这一过程中，报文经过的安全区域间是信任区域→隔离区域；原始报文被 GRE 封装后，FW_A 在转发这个报文时，报文经过的安全域间是本地→非信任区域，如图 12-7 所示。

图 12-7　发送方（FW_A）的报文走向

当报文到达 FW_B 时，FW_B 会进行解封装。在此过程中，报文经过的安全域间是非信任区域→本地；GRE 报文被解封装后，FW_B 在转发原始报文时，报文经过的安全域间是隔离区域→信任区域，如图 12-8所示。

图 12-8　接收方（FW_B）的报文走向

12.2.5　IPSec VPN

1. IPSec 的定义

对于 L2TP VPN 和 GRE VPN，数据都是明文传输的，用户或企业的安全性得不到保证。若在网络中部署 IPSec，便可对传输的数据进行保护处理，降低信息泄露的风险。

IPSec 协议簇是 IETF 制定的一系列安全协议，它为端到端 IP 报文交互提供了基于密码学的、可互操作的、高质量的安全保护机制，如图 12-9 所示。IPSec VPN 是利用 IPSec 隧道建立的网络层 VPN。

图 12-9　IPSec VPN 应用

IPSec 定义了在网际层使用的安全服务，其功能包括数据加密、对网络单元的访问控制、数据源地址验证、数据完整性检查和防止重放攻击。

IPSec 支持在 IP 层及以上协议层进行数据安全保护，并对上层应用透明（无须对各个应用程序进行修改）。安全保护措施包括机密性（Confidentiality）、完整性（Data Integrity）、真实性（Data Authentication）和抗重放（Anti-Replay）等。

（1）机密性：对数据进行加密，确保数据在传输过程中不被其他人员查看。

（2）完整性：对接收到的数据包进行完整性验证，以确保数据在传输过程中没有被篡改。

（3）真实性：验证数据源，以保证数据来自真实的发送者（IP 报文头内的源地址）。

（4）抗重放：防止恶意用户通过重复发送捕获到的数据包所进行的攻击，即接收方会拒绝旧的或重复的数据包。

IPSec 基于策略对数据包进行安全保护，如对某业务数据流采取某类保护措施，而对另一类业务数据流采取其他类保护措施，或不采取任何保护措施，如图 12-10 所示。

图 12-10　IPSec 对总部流量安全防护

2. IPSec VPN 体系结构简述

IPSec VPN 体系结构主要由验证头（Authentication Header，AH）、封装安全载荷（Encapsulation Security Payload，ESP）和互联网密钥交换（Internet Key Exchange，IKE）协议套件组成，如图 12-11 所示。其中，ISAKMP 为因特网安全关联和密钥管理协议（Internet Security Association and Key Management Protocol），DH 为 DH 算法（Diffie-Hellman，DH），IPSec 通过 ESP 来保障 IP 数据传输过程的机密性，使用 AH/ESP 提供数据完整性、数据源验证和抗报文重放功能。ESP 和 AH 定义了协议和载荷头的格式及所提供的服务，但没有定义实现以上功能所需的具体转码方式，如算法、密钥长度等。为简化 IPSec 的使用和管理，IPSec 还可以通过 IKE 进行自动协商交换密钥、建立和维护安全联盟的服务。

安全协议	ESP				AH			
加密	DES	3DES	AES	SM1/SM4				
验证	MD5	SHA1	SHA2	SM3	MD5	SHA1	SHA2	SM3
密钥交换	IKE（ISAKMP、DH）							

图 12-11　IPSec 体系结构

（1）AH 协议。AH 协议是报文头验证协议，主要提供的功能有数据源验证、数据完整性校验和防报文重放。然而，AH 并不加密所保护的数据报文。

（2）ESP 协议。ESP 协议是封装安全载荷协议。它除提供 AH 协议的所有功能外（但其数据完整性校验不包括 IP 头），还可提供对 IP 报文的加密功能。

（3）IKE 协议。IKE 协议用于自动协商 AH 和 ESP 所使用的密码算法。

IPSec 通过 AH 和 ESP 两个安全协议实现对 IP 报文的安全保护。

IPSec 安全传输数据的前提是在 IPSec 对等体（运行 IPSec 协议的两个端点）之间成功建立安全联盟（Security Association，SA）。SA 是通信的 IPSec 对等体间对某些要素的约定，如图 12-12 所示，如对等体间使用何种安全协议、需要保护的数据流特征、对等体间传输的数据的封装模式、协议采用的加密算法和验证算法、对等体间使用何种密钥交换和 IKE 协议，以及 SA 的生存周期等。

图 12-12　SA 通信对等体

　　SA 由一个三元组来唯一标识，该三元组包括安全参数索引（Security Parameter Index，SPI）、目的 IP 地址和使用的安全协议号（AH 或 ESP）。

3. IPSec 封装模式

　　IPSec 协议有两种封装模式：传输模式（Transport Mode）和隧道模式（Tunnel Mode）。

　　（1）传输模式。

　　传输模式是 IPSec 的默认模式，又称端到端（End-to-End）模式，它适用于两台主机之间进行 IPSec 通信。

　　传输模式下只对 IP 负载进行保护，可能是 TCP/UDP/ICMP 协议，也可能是 AH/ESP 协议。传输模式只为上层协议提供安全保护，在此种模式下，参与通信的双方主机都必须安装 IPSec 协议，而且不能隐藏主机的 IP 地址。启用 IPSec 传输模式后，IPSec 会在传输层包的前面增加 AH/ESP 头部或同时增加两种头部，构成一个 AH/ESP 数据包，然后添加 IP 头部组成 IP 包。在接收方，首先处理的是 IP，然后进行 IPSec 处理，最后将载荷数据交给上层协议，如图 12-13 所示。

图 12-13　IPSec 传输模式数据封装

　　传输模式不改变报文头，故隧道的源地址和目的地址必须与 IP 报文头中的源地址和目的地址一致，所以只适合两台主机或一台主机和一台 VPN 网关之间通信。

　　（2）隧道模式。

　　隧道模式使用在两台网关之间，用于站点到站点（Site-to-Site）的通信。参与通信的两个网关实际是为两个以其为边界的网络中的计算机提供安全通信服务。

隧道模式为整个 IP 包提供保护,为 IP 本身而不只是上层协议提供安全保护。通常情况下,只要使用 IPSec 的双方有一方是安全网关,就必须使用隧道模式。隧道模式的一个优点是可以隐藏内部主机和服务器的 IP 地址。大部分 VPN 使用隧道模式,因为它不仅对整个原始报文加密,而且会对通信的源地址和目的地址进行部分或全部加密,且只需要在安全网关而不需要在内部主机上安装 VPN 软件,期间所有加密和解密及协商操作均由前者负责完成。

启用 IPSec 隧道模式后,IPSec 将原始 IP 看作一个整体作为要保护的内容,前面加上 AH/ESP 头部,再加上新 IP 头部组成新 IP 包,如图 12-14 所示。隧道模式的数据包有两个 IP 头部,内部头部由路由器背后的主机创建,是通信终点;外部头部由提供 IPSec 的设备(如路由器)创建,是 IPSec 的终点。事实上,IPSec 的传输模式和隧道模式分别类似于其他隧道协议(如 L2TP)的自愿隧道和强制隧道,即一个由用户实施,另一个由网络设备实施。

图 12-14 IPSec 隧道模式数据封装

用 IPSec 保护一个 IP 包之前,必须先建立一个 SA。IPSec 的 SA 可以通过手工配置的方式建立。但是,当网络中节点较多时,手工配置将非常困难,而且难以保证安全性。这时就可以使用 IKE 自动进行 SA 建立与密钥交换的过程。IKE 就用于动态建立 SA,代表 IPSec 对 SA 进行协商。

IKE 协议建立在 Internet SA 和 ISAKMP 定义的框架上,是基于 UDP 的应用层协议,可为数据加密提供所需的密钥,能够简化 IPSec 的使用和管理,极大地简化了 IPSec 的配置和维护工作。

对等体之间建立一个 IKE SA 完成身份验证和密钥信息交换后,在 IKE SA 的保护下,根据配置的 AH/ESP 安全协议等参数协商出一对 IPSec SA。此后,对等体间的数据将在 IPSec 隧道中加密传输。

IKE SA 是为 IPSec SA 服务的,为 IPSec 提供了自动协商密钥、建立 IPSec 安全联盟的服务,如图 12-15 所示。

图 12-15   IKE SA 建立过程

IPSec 采用对称加密算法对数据进行加密和解密。

验证是指 IP 通信的接收方确认数据发送方的真实身份及数据在传输过程中是否被篡改。前者称为数据源验证，后者称为数据完整性验证，IPSec 通过这两种验证保证数据真实可靠。数据源验证和数据完整性验证这两种安全服务总是绑定在一起提供的。

虽然加密后的数据只能通过原始的加密密钥进行解密，但是无法验证解密后的信息是不是原始发送的信息。另外，加密和解密的过程非常消耗 CPU，恶意用户可能会通过发送欺骗数据包占用 CPU 资源。散列消息身份验证码（Keyed-Hash Message Authentication Code，HMAC）功能通过比较数字签名进行数据包完整性和真实性验证，这个过程消耗的 CPU 资源非常少，效率非常高。因此，IPSec 采用 HMAC 功能进行验证。

在 IPSec 发送方，加密和验证通常配合使用。加密后的报文经 HMAC 生成数字签名，IP 报文和数字签名同时发给对端（数字签名填写在 AH 和 ESP 报文头的完整性校验值（Integrity Check Value，ICV）字段，请参见安全协议）；在 IPSec 接收方，通过比较数字签名进行数据完整性和真实性验证，验证不通过的报文直接丢弃，验证通过的报文再进行解密。加密和 HMAC 验证配合使用的过程如图 12-16 所示。

图 12-16   加密及 HMAC 验证配合使用的过程

12.2.6　SSL VPN

SSL 是一个安全协议，为基于 TCP 的应用层协议提供安全连接。SSL 介于 TCP/IP 协议栈第 4 层和第 7 层之间。

SSL 是一种在两台机器之间提供安全通道的协议，具有保护传输数据及识别通信机器的功能。

IPSec 可以通过加密实现数据的安全传输，但是其加密和验证功能在一些特殊场景下是存在问题的，如 NAT 穿越场景。SSL VPN 因其特有的属性，加密只对应用层生效，且不需要用户安全 VPN 客户端，因而适用范围更广，也更便捷。

SSL 可以为 HTTP 提供安全连接，广泛应用于电子商务、网上银行等领域，为网络上数据的传输提供了安全保证，如图 12-17 所示。

SSL VPN 的主要功能有 Web 代理、用户认证、文件共享、端口转发、网络扩展等。

1. Web 代理

Web 代理实现了无客户端的页面访问，充分体现了 SSL VPN 的易用性，是 SSL VPN 区别于其他 VPN 的一个重要功能。它将远端浏览器的页面

图 12-17　普通与 SSL 数据传输对比

请求（采用 HTTPS）转发给 Web 服务器，然后将服务器的响应回传给终端用户，提供细致到 URL 的权限控制，即可控制到用户对某一具体页面的访问。

Web 代理有两种实现方式。

（1）Web-link。Web-link 采用 ActiveX 控件方式对页面进行转发。

（2）Web 改写。Web 改写采用脚本改写方式，对请求所得页面上的链接进行改写，其他网页内容不做修改。

2. 用户认证

用户认证是虚拟网关对客户端身份的验证，每个虚拟网关都是独立可管理的，可以配置各自的资源、用户、认证方式、访问控制规则及管理员等。

当企业有多个部门时，可以为每个部门或者用户群体分配不同的虚拟网关，从而形成完全隔离的访问体系。

3. 文件共享

文件共享是将不同的系统服务器（如支持 SMB 协议的 Windows 操作系统、支持 NFS 协议的 Linux 操作系统）的共享资源以网页的形式提供给用户访问。文件共享作为文件服务器的代理，可使客户安全地访问内网文件服务器。

4. 端口转发

端口转发功能主要用于 C/S 等不能使用 Web 技术访问的应用，一般来说可以分为两种，一种是支持静态端口的 TCP 应用，如 Windows 远程桌面、Telnet、SSH、VNC、ERP（Enterprise Resource Planning，企业资源计划）、SQL Server、iNotes、OWA（Outlook Web Access，邮箱网页版）、BOSS（Business and Operation Support System，业务运营支撑系统）Notes（多个数据库服务器对应一个端口）、POP3、SMTP：25、POP3：110 等。另一种是支持动态端口的 TCP 应用，如 FTP 被动模式、Oracle Manager。

5. 网络扩展

使用网络扩展功能后，远程客户端将获得内网 IP 地址，就像处于内网一样，可以访问任意内网资源；同时，针对不同的访问方式，具备不同的 Internet 和本地子网访问权限。不同的访问方式包括全路由模式（Full Tunnel）、分离模式（Split Tunnel）和手动模式（Manual Tunnel）。SVN 产品在 Web 或 CLI 模式下都可配置

访问方式，USG 产品只能在 CLI 模式下配置访问方式。

（1）分离模式：用户可以访问远端企业内网（通过虚拟网卡）和本地局域网（通过实际网卡），不能访问 Internet。

（2）全路由模式：用户只允许访问远端企业内网（通过虚拟网卡），不能访问 Internet 和本地局域网。

（3）手动模式：用户可以访问远端企业内网特定网段的资源（通过虚拟网卡），对其他 Internet 和本地局域网的访问不受影响（通过实际网卡）。网段冲突时优先访问远端企业内网。

12.3 VPN 典型应用场景配置

微课视频

12.3.1 Client-Initialized 方式 L2TP 应用场景

1. 组网需求

华安公司建有自己的 VPN 网络，在公司总部的公网出口处放置了一台 VPN 网关，即 USG 防火墙，为使出差人员能够与公司内部业务服务器进行通信，要求以通过 L2TP 隧道的方式来实现。

2. 配置拓扑图

L2TP VPN 配置拓扑如图 12-18 所示。

图 12-18 L2TP VPN 配置拓扑

3. 配置思路

Client 端：配置 LNS 服务器 IP→禁用 IPSec 安全协议→配置认证模式→配置是否启用隧道验证功能→配置用户名/密码。Client 端设置的认证模式和隧道验证密码需要与 LNS 端保持一致。

LNS 端：基础配置→配置虚拟接口模板→使能 L2TP 功能→配置 L2TP 组→配置 VPDN 组账号→配置域间防火墙安全策略。

L2TP VPN 配置流程如图 12-19 所示。

图 12-19 L2TP VPN 配置流程

4. Web 视图下详细配置

（1）配置防火墙基本参数（IP、区域、默认路由）。

（2）开启 L2TP 功能：选择"网络">"L2TP">"L2TP"，在"配置 L2TP"界面中选中"L2TP"后的
"启用"复选框，单击"应用"按钮，如图 12-20 所示。

图 12-20　开启 L2TP VPN 功能

（3）配置 L2TP 参数：在"L2TP 组列表"中单击"新建"按钮，在弹出的"新建 L2TP"对话框中设置 L2TP
组的参数，如图 12-21 所示。

图 12-21　配置 L2TP 参数

（4）设置拨号用户信息：选择"对象">"用户"，选中"default"认证域，在"用户管理"界面中单击
"新建"按钮，并选择"新建用户"，配置拨号用户名和密码，如图 12-22 所示。

图 12-22　设置拨号用户信息

（5）设置及验证 VPN 客户端，如图 12-23 所示。

图 12-23　设置及验证 VPN 客户端

12.3.2　GRE VPN 应用场景

1. 组网需求

华安公司由于业务的发展，新成立了一个分公司。公司内部每天都会有大量的数据访问，为了保证安全并顺利访问，公司领导指示网络部门去落实工作。根据要求，网络部门决定使用 GRE VPN 来实现。

微课视频

2. 配置拓扑图

GRE VPN 配置拓扑如图 12-24 所示。

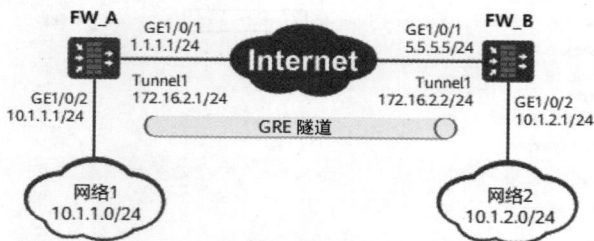

图 12-24　GRE VPN 配置拓扑

3. 配置思路

采用两端对等配置思路，即基础配置→配置隧道逻辑接口→配置到对端网络内网网段的路由→放开相应的域间规则。

GRE VPN 配置流程如图 12-25 所示。

图 12-25　GRE VPN 配置流程

4. Web 视图下详细配置

（1）配置防火墙基本参数（IP、区域、默认路由）。

（2）GRE 接口配置（FW_A）：选择"网络"＞"GRE"＞"GRE"，单击"新建"按钮，配置 GRE 接口的各项参数，如图 12-26 所示。

图 12-26　GRE 接口配置

（3）GRE 路由配置（FW_A）：选择"网络"＞"路由"＞"静态路由"，单击"新建"按钮，配置到网络 2 的静态路由，如图 12-27 所示。

图 12-27　GRE 路由配置

（4）对端防火墙的配置与 FW_A 相仿，只是地址配置稍有不同，与 FW_B 一致。

（5）网络 1 中的 PC 与网络 2 中的 PC 能够相互 ping 通。查看 FW_A "网络" > "路由" > "路由表"，可以看到目的地址为 10.1.2.0/24，出接口为 Tunnel1 的路由。

12.3.3　点到点 IPSec VPN 应用场景

1. 组网需求

华安公司的 VPN 已经使用了一段时间，在使用过程中，公司技术部门发现有一部分公司的机密数据在网络上传播。经过技术人员的核查，发现是公司数据在 VPN 传输中被人截取了。公司领导要求立刻解决这个问题，为此，技术部门提出了 IPSec VPN 的解决方案，以保证数据的安全。

微课视频

图 12-28　点到点 IPSec VPN 配置流程

2. 配置思路

基础配置→配置高级 ACL（定义保护的数据流）→配置 IKE（第 1 阶段，内含配置 IKE 安全提议和配置 IKE 对等体）→配置 IPSec 安全提议（第 2 阶段）→配置 IPSec 安全策略/策略模板（关联前 3 个步骤）→应用 IPSec 安全策略（应用到出接口）→配置私网路由。点到点 IPSec VPN 配置流程如图 12-28 所示。

3. 配置拓扑图

点到点 IPSec VPN 配置拓扑如图 12-29 所示。

图 12-29　点到点 IPSec VPN 配置拓扑

4. Web 视图下详细配置

（1）配置防火墙基本参数（IP、区域、默认路由）。

（2）配置路由（FW_A）：设置到达对端的路由，下一跳设置为 FW_B 的地址，如图 12-30 所示。

图 12-30　配置路由

（3）配置域间安全策略（FW_A）：选择"策略" > "安全策略" > "安全策略"，单击"新建"按钮，安全策略如表 12-1 所示。

表 12-1　安全策略

IPSec		FW_A	FW_B
允许网络 A 和网络 B 互访	IPSec1	方向：trust>untrust	方向：trust>untrust
		源地址：10.1.1.0/24	源地址：10.1.2.0/24
		目的地址：10.1.2.0/24	目的地址：10.1.1.0/24
		动作：允许	动作：允许
	IPSec2	方向：untrust>trust	方向：untrust>trust
		源地址：10.1.2.0/24	源地址：10.1.1.0/24
		目的地址：10.1.1.0/24	目的地址：10.1.2.0/24
		动作：允许	动作：允许
允许 IKE 协商报文通过	IPSec3	方向：local>untrust	方向：local>untrust
		源地址：1.1.3.1/24	源地址：1.1.5.1/24
		目的地址：1.1.5.1/24	目的地址：1.1.3.1/24
		动作：允许	动作：允许
	IPSec4	方向：untrust>local	方向：untrust>local
		源地址：1.1.5.1/24	源地址：1.1.3.1/24
		目的地址：1.1.3.1/24	目的地址：1.1.5.1/24
		动作：允许	动作：允许

（4）配置 IPSec 策略参数（FW_A）：选择"网络" > "IPSec" > "IPSec"，单击"新建"按钮，选择"场景"为"点到点"，在"基本配置"中设置 IPSec 相关参数，如图 12-31 所示。

图 12-31　配置 IPSec 策略参数

（5）配置加密数据流（FW_A）：在配置界面的"待加密的数据流"中单击"新建"按钮，新建感兴趣的加密流量，如图 12-32 所示。

图 12-32　配置加密数据流

（6）应用 IPSec 策略（FW_A）：配置结束后单击配置界面最下方的"应用"按钮，保存并应用 IPSec 策略，如图 12-33 所示。

图 12-33　应用 IPSec 策略

（7）对端配置与前述类似，但应注意 IP 地址的变化。

本章小结

本章主要讲述了密码学的定义、密码学的应用、VPN 的基本概念、L2TP VPN 和 GRE VPN 的工作原理、IPSec VPN 加解密及验证过程，也讲解了不同应用场景中 VPN 的配置流程。

技能拓展

✧ L2TP VPN 隧道建立的过程

L2TP VPN 隧道建立的过程分为以下 3 步。

（1）PPP 建立阶段。

（2）L2TP 隧道建立阶段。

（3）L2TP 会话建立阶段，建立过程如图 12-34 所示。

图 12-34　L2TP 会话建立过程

① 用户端 PC 机发起呼叫连接请求。

② PC 机和 LAC 端进行 PPP LCP 协商。

③ LAC 对 PC 提供的用户信息进行 PAP 或 CHAP 认证。

④ LAC 将认证信息（用户名、密码）发送给 RADIUS 服务器进行认证。

⑤ RADIUS 服务器认证该用户，如果认证通过则返回该用户对应的 LNS 地址等相关信息，并且 LAC 准备发起隧道连接请求。

⑥ LAC 端向指定 LNS 发起隧道连接请求。

⑦ LAC 端向指定 LNS 发送 CHAP challenge 信息，LNS 回送该 challenge 响应消息 CHAP response，并发送 LNS 侧的 CHAP challenge，LAC 返回该 challenge 的响应消息 CHAP response。需要注意的是，本阶段是对设备进行验证，而不是对用户身份的认证。

⑧ 隧道验证通过，开始创建 L2TP 隧道。

⑨ 采用代理验证方式时，LAC 端将用户的 CHAP response、response identifier 和 PPP 协商参数传送给 LNS。

⑩ LNS 将接入请求信息发送给 RADIUS 服务器进行认证。

⑪ RADIUS 服务器认证该请求信息，如果认证通过则返回响应信息。

⑫ 若用户在 LNS 侧配置强制本端 CHAP 认证，则 LNS 对用户进行认证，发送 CHAP challenge，用户侧回应 CHAP response。

⑬ LNS 将接入请求信息发送给 RADIUS 服务器进行认证。

⑭ RADIUS 服务器认证该请求信息，如果认证通过则返回响应信息。

⑮ 验证通过，L2TP 成功建立。

微课视频

✧ Client-Initialized 方式 L2TP

1. 实验拓扑图

实验拓扑如图 12-35 所示。

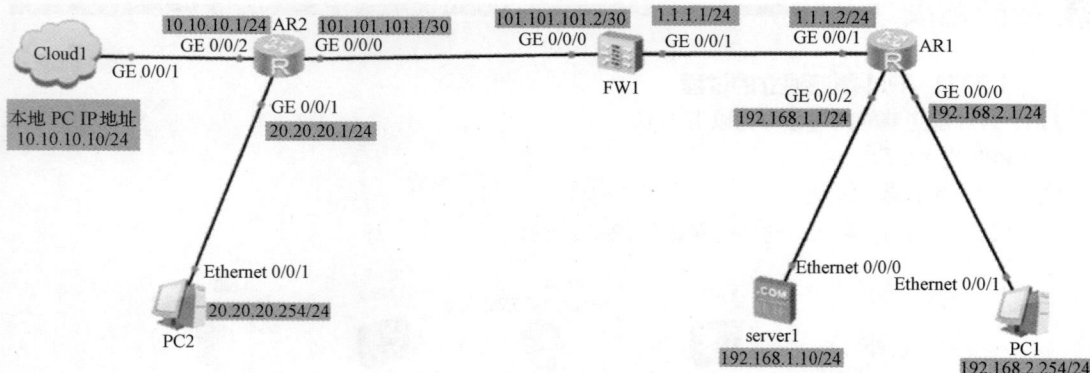

图 12-35　实验拓扑

2. CLI 模式配置

（1）FW1 配置。

```
#
interface Virtual-Template1                    # 新建虚拟接口模板 1
 ppp authentication-mode chap                  # 配置认证方式为 CHAP
 ip address 9.9.9.1 255.255.255.0              # 配置虚拟接口 IP 地址
 remote address pool 1                         # 绑定地址池 1
#
interface GigabitEthernet0/0/0
 ip address 101.101.101.2 255.255.255.252
#
interface GigabitEthernet0/0/1
 ip address 1.1.1.1 255.255.255.0
#
firewall zone trust
 set priority 85
 add interface GigabitEthernet0/0/1
#
firewall zone untrust
 set priority 5
 add interface GigabitEthernet0/0/0
 add interface Virtual-Template1               # 将虚拟接口加入 untrust 区域
#
l2tp-group 1                                   # 创建 L2TP 组 1
 undo tunnel authentication                    # 关闭隧道认证
 allow l2tp virtual-template 1                 # 配置 LNS 接收呼叫时所使用的虚拟接口模板
 tunnel name lns                               # 配置 L2TP 隧道本端名称为 lns
#
aaa                                            # 为出差员工配置 L2TP 登录用户名和密码
 local-user admin password cipher admin
                                               # 出差员工的 L2TP 登录用户名为 admin，密码为 admin
 local-user admin service-type ppp             # 配置服务协议为 PPP
 local-user admin level 15
 ip pool 1 9.9.9.2 9.9.9.10
```

```
#
 ip route-static 0.0.0.0 0.0.0.0 101.101.101.1
 ip route-static 10.10.10.0 255.255.255.0 101.101.101.1
 ip route-static 20.20.20.0 255.255.255.0 101.101.101.1
 ip route-static 192.168.0.0 255.255.0.0 1.1.1.2
 #
 sysname FW1
 #
 l2tp enable      # 开启 L2TP 服务
 #
 firewall packet-filter default permit all
 #
policy interzone local untrust inbound
 # 配置 untrust 和 local 域间防火墙策略，允许出差用户与公司总部建立 L2TP 连接
 policy 1
  action permit
  policy destination 9.9.9.0 0.0.0.255
 #
policy interzone trust untrust inbound
 # 配置 untrust（Virtual-Template 1 所在安全区域）和 trust（内网资源所在安全区域）域间防火墙策略，允许出差用
户访问公司内部的资源
 policy 1
  action permit
  policy destination 9.9.9.0 0.0.0.255
 #
policy interzone trust untrust outbound
 policy 1
  action permit
  policy source 192.168.0.0 0.0.255.255
 #
nat-policy interzone trust untrust outbound
 policy 1
  action source-nat
  policy source 192.168.0.0 0.0.255.255
  easy-ip GigabitEthernet0/0/0
```

（2）AR1 配置。

```
 sysname AR1
 #
 dhcp enable
 #
 ip pool 1
  gateway-list 192.168.2.1
  network 192.168.2.0 mask 255.255.255.0
  dns-list 192.168.1.10
 #
 interface GigabitEthernet0/0/0
  ip address 192.168.2.1 255.255.255.0
  dhcp select global
 #
 interface GigabitEthernet0/0/1
  ip address 1.1.1.2 255.255.255.0
 #
 interface GigabitEthernet0/0/2
  ip address 192.168.1.1 255.255.255.0
 #
 ip route-static 0.0.0.0 0.0.0.0 1.1.1.1
```

（3）AR2 配置。

```
 sysname AR2
 dhcp enable
 acl number 3001
  rule 1 permit ip source 10.10.10.0 0.0.0.255
  rule 2 permit ip source 20.20.20.0 0.0.0.255
 ip pool 1
  gateway-list 20.20.20.1
```

```
 network 20.20.20.0 mask 255.255.255.0
 dns-list 192.168.1.10
#
interface GigabitEthernet0/0/0
 ip address 101.101.101.1 255.255.255.252
 nat outbound 3001
#
interface GigabitEthernet0/0/1
 ip address 20.20.20.1 255.255.255.0
 dhcp select global
#
interface GigabitEthernet0/0/2
 ip address 10.10.10.1 255.255.255.0
#
ip route-static 0.0.0.0 0.0.0.0 101.101.101.2
```

课后习题

1. 以下（　　　）属于 L2VPN 中所用到的协议。
   A. GRE   B. PPTP   C. L2F   D. L2TP
2. VPN 按协议在 OSI 模型中的位置可以分为（　　　）。
   A. L3VPN   B. L2VPN   C. SSL VPN   D. IPSec VPN
3. L2TP VPN 主要有（　　　）使用场景。
   A. NAS-Initiated VPN   B. LAC 自动拨号
   C. Client-Initiated VPN   D. Client-to-Site VPN
4. IPSec 通过（　　　）安全协议实现对 IP 报文的安全保护。
   A. DES   B. ESP   C. AH   D. AES
5. IPSec 安全联盟由（　　　）元组来唯一标识。
   A. 安全参数索引   B. 源 IP 地址
   C. 使用的安全协议号   D. 目的 IP 地址
6. IPSec 封装模式有（　　　）。
   A. 传输模式   B. 隧道模式   C. 加壳模式   D. 加花模式
7. SSL VPN 的主要功能有（　　　）。
   A. 用户认证   B. Web 代理
   C. 文件共享   D. 端口转换与网络扩展

第 13 章

安全运营与数据监控

知识目标

① 了解安全运营的概念。

② 理解安全运营的内容。

③ 了解数据监控与分析的技术手段。

④ 了解数据采集的过程。

能力目标

掌握定位安全风险与威胁的技术。

素质拓展

安全是发展的保障，发展是安全的目的。网络安全是全球性挑战，没有哪个国家能够置身事外、独善其身，维护网络安全是国际社会的共同责任。

课程导入

在信息时代，安全运营逐渐成为一个热门话题。信息安全事故层出不穷，在信息安全事故发生前，可通过数据的监控和分析主动分析网络的安全风险，加固网络；在信息安全事故发生后，可通过数据的监控和分析迅速定位安全威胁，为攻击防御与取证提供支持。安全运营是全方位保证企业业务持续安全运行的必要条件。本章在介绍安全运营的基础上对数据监控进行讲解，从而加强企业安全运营。

> ✎ **相关内容**

13.1　安全运营

微课视频

13.1.1　安全运营的概念

在企业信息安全建设初期，企业安全工作的主要内容是购买一系列的安全设备并部署在各个协议层，以保证日常业务的稳定运行。而随着安全问题频发，如信息泄露事件、自然灾害等，从业人员逐渐意识到仅仅部署安全设备并不能实现有效的安全运营。安全运营必须是资源、流程和管理的有效结合，只有这样才能达到保护企业业务安全持续稳定运行的目的。

13.1.2　安全运营的基本要求

安全运营涉及方方面面的要求，其基本内容如图 13-1 所示。

图 13-1　安全运营的基本内容

1. 业务连续性计划

业务连续性计划（Business Continuity Planning，BCP）涉及对组织各种过程的风险评估，还有在发生风险的情况下为了使风险对组织的影响程度降至最低而制定的各种计划和策略，用于在出现危急事件时维持业务的连续运作。

2. 物理安全

物理安全的目的是防止受到物理威胁，包括周边安全、内部安全和管理安全运营。

3. 管理安全运营

（1）保护资源的配置：管理各项资产的配置，包括物理资产、云资产、虚拟资产和数据资产等，应确保各项系统处于一致的安全状态，并在其整个生命周期维持这种状态。

（2）理解和应用基本的安全操作原则：在对组织人员进行职责管理和权限管理时需要考虑的安全原则。

（3）采用资源保护技术：通过介质管理方法和资产管理方法保护资源在整个生命周期中的配置和管理。

（4）执行和支持补丁及脆弱性管理：补丁管理是指使用适当的补丁，修补安全漏洞；而脆弱性管理的主要工作是保证系统的安全。

（5）参与和理解变更管理流程：变更管理有助于减少由未授权变更造成的不可预料的中断，确保变更不会导致中断，如配置变更等。

（6）参与解决人身安全：通过实施安全控制来保证企业人员安全。

13.2　安全运营内容简述

13.2.1　业务连续性计划

业务连续性计划的目标是在紧急情况下提供快速、沉着和有效的响应，从而增强企业立即从破坏性事件中恢复过来的能力，其基本步骤如图 13-2 所示。

图 13-2　业务连续性计划基本步骤

13.2.2　事件响应管理

并非所有的威胁事件都能被预防，业务连续性计划提供了处理紧急事件的流程指导，可尽快地对威胁事件进行响应，能够尽量减小事件对组织的影响，如图 13-3 所示。

图 13-3　事件响应管理

13.2.3　灾难恢复计划

当灾难事件导致业务中断时，灾难恢复计划即开始生效，指导紧急事件响应人员的工作，将业务还原到正常运行的状态。灾难恢复计划过程如图 13-4 所示。

图 13-4　灾难恢复计划过程

13.2.4　调查取证

微课视频

在采取措施之前，需要确定攻击已经发生。攻击发生之后需要对该安全事件进行调查和收集证据，调查是为了找出发生了什么，以及该事件的损害程度，如图 13-5 所示。

图 13-5　调查取证流程

13.3　数据监控基础知识

13.3.1　主动分析

主动分析是指在攻击发生前对网络的状况进行安全评估，对暴露的问题及时进行改正，加固网络，提升网络的安全性。其安全评估方法如图 13-6 所示。

（1）安全扫描：应充分了解目标系统当前的网络安全漏洞状况，需要利用扫描分析评估工具对目标系统进行扫描，以便发现相关漏洞。

（2）人工审计：对主机系统、业务系统、数据库、网络设备、安全设备等在内的目标系统进行人工检查。

（3）渗透测试：模拟黑客可能使用的攻击技术和漏洞发现技术，对目标系统的安全进行深入探测，发现系统脆弱的环节。

（4）调查问卷：对网络系统管理员、安全管理员、技术负责人等进行业务、资产、威胁、脆弱性等方面的问卷调查。

（5）访谈调研：确认问卷调查结果，详细获取管理执行现状并听取用户的想法和意见。

图 13-6　安全评估方法

13.3.2　安全扫描

1. 工作目标

为了充分了解目标系统当前的网络安全漏洞状况，需要利用扫描分析评估工具对目标系统进行扫描，以便发现相关漏洞。

2. 工作内容

主要针对系统开放的端口号、系统中存在的安全漏洞、是否存在弱口令、SQL 注入漏洞、跨站脚本漏洞、工作输出、扫描工具生成结果进行扫描。

3. 扫描工具

常用的扫描工具如表 13-1 所示。

表 13-1　常用的扫描工具

工具类型		工具名称	用途
扫描类型	端口扫描软件	Superscan	功能强大的端口扫描软件，基本功能如下： ① 通过 ping 检验 IP 是否在线； ② 检验目标计算机提供的服务类别； ③ 检验一定范围内目标计算机是否在线和端口情况
		Nmap	Linux 下的网络扫描和嗅探工具包，基本功能如下：①探测一组主机是否在线；②扫描主机端口，嗅探所提供的网络服务；③可以推断主机所用的操作系统
	漏洞扫描工具	Sparta	集成于 Kali 内的漏洞扫描工具，能够发现系统中开启的服务和开放端口，还可以根据字典暴力破解应用的用户名和密码
	应用扫描软件	Burp Suite	用于渗透 Web 应用程序的集成平台，包含了许多工具，并为这些工具设计了许多接口，以加快攻击应用程序的过程

13.3.3　人工审计

1. 工作目标

人工审计是对工具评估的一种补充，它不需要在被评估的目标系统上安装任何软件，对目标系统的运行和状态没有任何影响，在不允许安装软件进行检查的重要主机上显得非常有用。

2. 工作内容

安全专家对包括主机系统、业务系统、数据库、网络设备、安全设备等在内的目标系统进行人工检查。检查的内容视检查目标不同可能涵盖以下方面。

（1）是否安装了最新补丁。

（2）是否遵守了服务最小化原则，是否开启了不必要的服务和端口。

（3）防火墙配置策略是否正确。

13.3.4　渗透测试

渗透测试可作为外部审查的一部分。这种测试需要探查系统，以发现操作系统和网络服务，并检查这些网络服务有无漏洞。在开始评估扫描时，在被评估方的授权下，根据客户要求的重点 IP 地址进行渗透测试，完全模拟黑客可能使用的攻击技术和漏洞发现技术，对目标系统的安全进行深入探测，发现系统最脆弱的环节。对这些重点 IP 地址进行尽可能准确、全面的测试，一旦发现危害性严重的漏洞，应及时修补，以免后患，并根据用户需求决定是否采用。

渗透测试流程如图 13-7 所示。

1. 信息收集、分析
2. 制定渗透方案，实施准备
3. 前段信息汇报、分析
4. 提升权限，渗透实施
5. 渗透结果总结
6. 输出渗透测试报告
7. 提出安全解决建议

图 13-7　渗透测试流程

13.4　被动采集技术

被动获取是指当攻击发生时及时采集数据，分析攻击使用的方法，以及网络存在的问题，进行及时的补救，从而减少损失。

数据采集方式如图 13-8 所示。

图 13-8　数据采集方式

13.4.1　抓包

抓包（Packet Capture）是将网络传输发送与接收的数据包进行截获、重发、编辑、转存等操作，也用来检查网络安全，以及进行数据截取等。

抓包工具是拦截查看网络数据包内容的软件。通过对抓获的数据包进行分析，可以得到有用的信息。目前流行的抓包工具有很多，比较出名的有 WireShark、Sniffer、HttpWatch、IP Tools 等。这些抓包工具功能各异，但基本原理相同。计算机通过向网络上传和从网络下载一些数据包来实现数据在网络中的传播。通常这些数据包会由发出或者接收的软件自行处理，普通用户并不过问，这些数据包一般也不会一直保存在用户的计算机上。抓包工具可以帮助用户将这些数据包保存下来，如果这些数据包以明文形式进行传送或者已知其加密方法，那么就可以分析出这些数据包的内容及它们的用途。

抓包工具可以实现查找感染病毒的计算机，有时也用于获取网页的源代码，以及了解攻击者所用方法、追查攻击者的 IP 地址等。

13.4.2　端口镜像

端口镜像是指设备复制从镜像端口流经的报文，并将此报文传送到指定的观察端口进行分析和监控。其中，镜像端口是指被监控的端口，镜像端口收发的报文将被复制一份到与监控设备相连的端口；观察端口是指连接监控设备的端口，用于将镜像端口复制过来的报文发送给监控设备。端口镜像拓扑如图 13-9 所示。

图 13-9　端口镜像拓扑

13.4.3　日志

日志存储依赖于硬盘或 SD 卡，当硬盘或 SD 卡不在位时，会对查看日志、导出日志有影响。不同的设备型号对日志、报表支持情况也不同，可参考华为产品文档。

日志类型可分为以下几种。

1. 系统日志

管理员可以查看系统运行过程中所产生的运行日志及硬件环境的相关日志记录，了解设备是否一直正常运行，在发生问题时可以用于故障的定位和分析。

2. 业务日志

管理员可以获知网络中的相关信息，可及时进行故障定位和分析。

3. 告警信息

通过 Web 界面直观查看设备产生的告警信息，包括告警级别、产生事件、告警源和描述信息。

4. 流量日志

管理员可以获知网络中的流量特征，了解当前网络的带宽占用及安全策略和带宽策略配置的生效情况。

5. 威胁日志

管理员可以查看病毒、入侵、DDoS、僵尸网络、特洛伊木马、网络蠕虫、高级长威胁（Advanced Persistent Treat，APT）等网络威胁的检测和防御情况的记录，了解曾经发生和正在发生的威胁事件，以及时做出策略调整或主动防御。

6. URL 日志

管理员可以查看用户访问 URL 时产生的允许、告警或阻断情况，了解用户的 URL 访问情况及被允许、告警或阻断的原因。

13.5　数据分析

打击计算机网络犯罪的关键是如何在计算机系统中提取和分析计算机犯罪分子留在计算机中的"痕迹"，使之成为能够追踪并抓获犯罪嫌疑人的重要手段和方法。网络中发生的重要事件都会被记录在日志中，因此对日志的分析尤为重要。

13.5.1　日志分析要点

按照产生的来源不同，日志可以分为网络设备日志和操作系统日志两部分，日志分析要点如图 13-10 所示。

微课视频

图 13-10　日志分析要点

（1）Who：是用户还是访客。

（2）When：什么时间。

（3）Where：在什么地点，如位置信息、登录的设备信息、接入的接口信息、访问的服务等。

（4）How：通过什么方式，如通过有线网络接入、无线网络接入或者 VPN 接入。

（5）What：做了什么，如进行的操作行为、使用的接入设备、访问的资源服务等。

13.5.2　网络设备日志分析

以防火墙为例，可以通过日志分析攻击行为。如图 13-11 所示，通过威胁日志发现存在 IP 欺骗攻击，并可以获得攻击的时间、使用的协议、接收接口等信息。

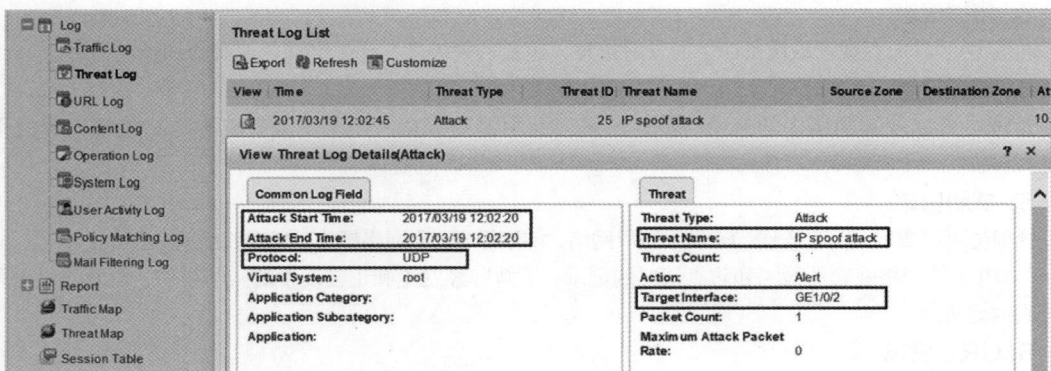

图 13-11　威胁日志分析

13.5.3　操作系统日志分析

由于日志中记录了操作系统的所有事件，因此在大量的信息中快速筛选出关键信息尤为重要。Windows 操作系统中可以根据需要筛选关键事件，如图 13-12 所示。

图 13-12　操作系统日志分析

13.5.4 其他场景分析

1. 用户登录与注销事件分析

（1）使用场景：主要判断哪些用户登录过操作系统，并分析用户对操作系统的使用情况。

（2）事件 ID。

① 4624：登录成功（安全日志）。

② 4625：登录失败（安全日志）。

③ 4634：注销成功（安全日志）。

④ 4672：使用超级用户（管理员）进行登录（安全日志）。

2. 修改系统时间事件分析

（1）使用场景：查找用户修改系统时间的证据。

（2）事件 ID。

① 1：Kernel-General（系统日志）。

② 4616：更改系统时间（安全日志）。

3. 外部设置使用事件分析

（1）使用场景：分析哪些硬件设备何时安装到系统中。

（2）事件 ID。

20001/20003：即插即用驱动安装（系统日志）。

4. 分析工具介绍

Log Parser 是微软公司出品的日志分析工具，它功能强大、使用简单，可以分析基于文本的日志文件、XML 文件、CSV 文件，以及操作系统的事件日志、注册表、文件系统、Active Directory。使用 Log Parser 时需要能够熟练地使用 SQL 语言。

Log Parser Lizard 使用图形界面，比较易于使用，甚至无须记忆烦琐的命令，只需要做好设置、写好基本的 SQL 语句，即可直观地得到结果。

本章小结

本章介绍了安全运营的基本概念，并且对安全运营需要具备的条件进行了简单介绍。读者可以学会通过技术手段获取有效信息，并针对获取的信息进行分析，从而定位安全风险与威胁。

技能拓展

❖ **业务连续性计划步骤详解**

1. 项目范围和计划编制

任何流程或计划的制定都必须依据具体组织的实际业务的规模和性质，符合企业文化，并且遵守相关法律。制定计划初期无额定项目范围的具体要求，其项目计划要素如图 13-13 所示。

（1）业务组织分析。

业务组织分析用于确定参与业务连续性计划编制过程的所有相关部门和人员，分析时需要考虑以下关键领域。

① 提供核心服务业务的运营部门。

② 支持服务部门，如 IT 部门等对运营部门的系统进行维护的部门。

③ 高层行政管理人员及企业决策者。

图 13-13　项目计划要素

（2）BCP 团队组建。

根据上述业务组织分析，业务连续与运营部门、服务部门和企业高层都有重要的关系，那么在 BCP 制定和维护的团队中必须要有这些部门的人参与，具体包括且不仅限于以下人员。

① 每个核心业务运营部门的代表。

② 支持部门的代表。

③ BCP 所涉领域内的具有技术专长的 IT 代表。

④ 了解 BCP 过程的安全代表。

⑤ 熟悉相关法律的代表。

⑥ 高层管理代表。

（3）资源要求。

BCP 开发、测试、培训、维护和实现过程中都需要消耗大量的人力、时间和物资等，这些也是 BCP 所需要的资源。

（4）法律和法规要求。

国家和地方针对业务连续性都发布了相应的法律法规，这些法律法规在保证企业业务运营连续性的同时，也保障了国家经济的生命力。

2. 业务影响评估

业务影响评估（Business Impact Assessment）确定了能够决定组织持续发展的资源，以及对这些资源的威胁，并且还可以评估每种威胁实际出现的可能性及出现的威胁对业务的影响。业务影响评估流程如图 13-14 所示。

图 13-14　业务影响评估流程

（1）确定优先级：在出现灾难时确定业务的优先级对于恢复操作非常重要，业务优先级可以使用最大允许终端时间（Maximum Tolerable Downtime，MTD）进行定量分析。

（2）风险识别：组织应该识别可能面临的风险，包括自然风险和人为风险。此时仅仅做一个定性分析，为后续的评估作铺垫。

（3）可能性评估：针对上述威胁组织的风险发生的可能性进行评估。

（4）影响评估：根据风险及风险发生的可能性对组织造成的影响进行定向或定量评估，包括且不仅限于信誉、公共影响和资源流失等影响。

（5）资源优先级划分：划分针对不同风险所分配的业务连续性计划资源的优先级。

3. 连续性计划编制

上述两个阶段主要用于确定 BCP 的工作过程及保护业务资产的有限顺序，在连续性计划编制阶段则注重于连续性策略的开发和实现，其流程如图 13-15 所示。

图 13-15　连续性计划编制流程

（1）策略开发：根据业务影响评估的结果决定对各种风险采取的缓解措施。

（2）计划实现：利用特定的资源，尽可能地依照策略开发计划，并使之达到预定的目标。

（3）预备和处理：为业务连续性计划方案的制定、维护和实施提供必要的资源和保护措施，这些资源包括人、建筑物/设备和基础设施。

（4）培训和教育：对参与 BCP 的所有相关人员进行业务连续性计划方案的培训，从而使他们了解其中的任务，在面临紧急事件时能够沉着有序地处理。

（5）计划批准：在业务连续性方案设计完成后，需要取得组织高层的批准。

4. BCP 文档化

将 BCP 文档化有助于在发生紧急事件时，为 BCP 人员提供处理威胁事件的指导。同时，该文档记录了修改历史，可为后续处理类似事件或者文档修改提供经验借鉴。文档的内容应当包含以下内容：连续性计划的目标、重要性声明、组织职责的声明、紧急程度和时限的声明、风险评估、可接受的风险/风险调解、重大记录计划，以及响应紧急事件的指导原则、维护、测试和演习。

课后习题

1. 安全评估方法不包括（　　）。
   A. 安全扫描　　　　　B. 人工审计　　　　　C. 渗透测试　　　　　D. 调查取证
2. Windows 日志分类不包括（　　）。
   A. 系统日志　　　　　B. 安全日志　　　　　C. 应用程序日志　　　D. 业务日志
3. 业务连续性计划和灾难恢复计划有什么区别？
4. 业务连续性计划基本步骤有哪些？
5. 灾难恢复计划步骤有哪些？
6. 调查取证的流程是什么？
7. 被动采集技术有哪些？
8. 端口镜像中，镜像端口和观察端口分别指什么？
9. 简述 Windows 日志的组成。

第 **14** 章

电子取证

知识目标

① 了解电子证据的概念和特点。
② 掌握电子取证的原则。

能力目标

① 掌握电子取证的相关工具的使用。
② 掌握电子取证的过程。

素质拓展

推进全球互联网治理体系变革是大势所趋、人心所向。国际网络空间治理应该坚持多边参与、多方参与，发挥政府、国际组织、互联网企业、技术社群、民间机构、公民个人等主体作用。

课程导入

随着信息技术的不断发展，计算机越来越多地参与到人们的工作与生活中。与计算机相关的法庭案例，如电子商务纠纷、计算机犯罪等也不断出现。判定或处置各类纠纷和刑事案件过程中，一种新的证据形式——电子证据，逐渐成为新的诉讼证据之一。电子证据本身和取证过程有很多有别于传统物证和取证方法的特点，为司法和计算机科学领域都带来了新挑战。

14.1 电子取证概览

14.1.1 计算机犯罪

计算机犯罪是指行为人违反国家规定，故意侵入计算机信息系统，或者利用各种技术手段对计算机信息系统的功能及有关数据、应用程序等进行破坏；制作、传播计算机病毒；影响计算机系统正常运行且造成严重后果。

计算机犯罪无外乎以下两种方式：利用计算机存储有关犯罪活动的信息、直接利用计算机作为犯罪工具进行犯罪活动。

14.1.2 电子证据概念

电子证据（Electronic Evidence）是指在计算机或计算机系统运行过程中产生的，以其记录的内容来证明案件事实的电磁记录物。

微课视频

电子证据也称为数字证据、计算机证据等，其分类如图 14-1 所示。

图 14-1 电子证据分类

14.1.3 电子证据来源

司法实践中常见的电子证据来源可分为 3 类，如图 14-2 所示。

（1）与现代通信技术有关的电子证据，如电传资料、传真资料、手机录音等。

（2）与广播技术、电视技术、电影技术等其他现代信息技术有关的电子证据。

（3）与计算机技术或网络技术有关的电子证据，如电子邮件、电子数据交换等。

图 14-2 电子证据来源

14.1.4　电子证据的特点

（1）客观公正性。电子证据的技术性决定了它的客观性。其借助的计算机等电子数字设备在正常运行状态下进行的运算、发送、接收、存储和演示可以称得上"铁面无私"，所以与传统的证据形成形式相比更具有客观公正性。

（2）高科技性。电子证据的科技含量高，蕴藏的信息极为丰富，一张光盘存储的图像可以连续播放几个小时。电子证据必须借助计算机技术和存储技术等，离开了高科技的技术设备，电子证据将无法保存和传输。从电子证据依赖的设备、存储信息的介质、传输手段、收集和审查鉴定判断上来看，电子证据从产生到运用，各个环节都离不开高精尖技术的支持。电子证据与其他证据相比技术含量相当高，未经过计算机专业培训的人员难以辨别和认识。

（3）多样性。电子证据与传统证据相比具有形式多样性。计算机或者其他电子设备表现出的信息内容往往不是单一的数据、图像或声音，而是数据、声音、图像、图形、动画、文本的结合。这种以多媒体形式存在的电子证据使得电子证据更具有综合性和多样性，它不仅可以直接在计算机上显示，也可以通过打印机打印出来。

（4）脆弱性、易破坏性。传统的书证以纸张、布帛及其他可以记载的物质为载体，传统的物证主要借助于各种物质，传统的证人证言则主要靠人的记忆，而电子证据是以数据或信息的形式表现，是非连续的。由于对计算机等电子数字设备的依赖性，电子证据的形成、传输环节容易被破坏，很可能会使电子证据遭到破坏，无法反映真实情况。不过，现代信息技术已经具有数据恢复功能，只要具备足够好的技术和设备，被删除或者被格式化的数据都能够被恢复。从这一角度来讲，电子证据比传统证据更具稳定性。

（5）动态传输性和生动形象性。电子证据具有动态传输性。传统证据大多以静态方式反映案件事实，且只能反映案件事实的某个片段或者个别情况；而电子证据能够再现与案件有关的文字、图像、数据和信息，生动形象地展现案件事实，并且它所反映的事实是一个动态连续的过程，较直观地再现了现场情景，所以也具有生动形象性。

（6）无形性。电子证据是以电子形式存储在各种电子设备上的，它以光、电、磁的形式存在，不像传统证据那样能被人直接看到、听到、接触到。电子证据是以二进制码（0 或 1 数字编码）的形式存在的，这种看不见、摸不着的二进制编码使电子证据具有无形性。电子证据在运行时以电磁脉冲、光束等形式进行，其运行过程和形式人们是看不到的，人们要读取、收集、取证，审查、判断时要借助一定的技术手段或电子设备。由于电子证据离不开磁带、芯片、软盘、移动硬盘、光盘、U 盘等存储介质，因此人们在收集电子证据时应当同时保存相应的软硬件设备。

（7）人为性。基于电子证据高科技性和易被破坏性的特点，可以得出它也具有一定的人为性。具有高技术的人员破解存储于电子设备中的数据并非难事，运用黑客手段入侵计算机网络系统，盗用密码对电子数据进行任意篡改，就会更改电子证据，给证据认定带来困难。另外，在电子证据的生成、运用等诸多环节少不了人为因素的介入，这也使得电子证据具有人为性。

14.2　电子取证原则和步骤

14.2.1　电子取证原则

取证原则是指进行取证所需要遵循的原则，如图 14-3 所示。

图 14-3 电子取证原则

14.2.2 电子取证步骤

根据电子证据的特点，在进行计算机取证时，首先要尽早搜集证据，并保证其没有受到任何破坏。取证工作一般按照图 14-4 所示的步骤进行。

图 14-4 电子取证步骤

微课视频

（1）保护现场。保护现场是电子取证的前提条件，也是电子取证的第一步，对于收集犯罪证据及认定犯罪事实有重要影响。如果犯罪嫌疑人事先得到消息，就很可能立即销毁或者修改电子证据导致取证无效，因此必须快速对证据现场采取保护措施。取证人员进入现场后，应迅速封锁整个计算机及相关电子设备区域，实行人机物理隔离；如果计算机处于开机状态，应保护好计算机日志，对数据进行备份，切断远程控制；要封存现场的信息系统和各种可能涉及的其他电子设备，以及内部人员使用的工作记录、程序备份和数据备份；提取涉案计算机硬盘、移动存储介质、光盘等，应特别注意对当事人随身携带的手机和存储介质的提取。有效地保护证据现场能够避免电子证据受到破坏，避免出现人为更改数据、损坏硬盘、感染病毒等破坏电子证据的情况。

（2）获取证据。搜索目标系统中的所有文件，包括现存的正常文件、已经被删除但仍存在于磁盘上（还没有被新文件覆盖）的文件、隐藏文件、受到密码保护的文件和加密文件。

（3）保全证据。取证过程中应避免出现任何更改系统设置、损坏硬件、破坏数据或病毒感染的情况，确保证据出示时仍是初始状态。取证过程中主要使用的保全技术如图 14-5 所示。

（4）鉴定证据。鉴定标准用于证据的完整性验证和确定其是否符合可采用标准，如图 14-6 所示。

对称加密：DES、3DES、AES
非对称加密：DH、RSA、DSA

数字信封：非对称密钥中的公钥实现
信息完整性验证
数字签名：利用私钥实现信息的不
可否认性

加密
技术

数字
信封、
签名

数字证书绑定了公钥及其持有
者的真实身份，这些信息是经
过认证中心审核签发的电子数
据，可以更加方便、灵活地运
用在电子商务和电子政务中

数字
证书

时间
戳

主要用于为用户提供一份电子证据，
以证明用户的某些数据的产生时间

图14-5　证据保全技术

电子数据鉴定
的关联性

电子数据鉴定
的客观性

鉴定
标准

电子数据鉴定
的合法性

图14-6　鉴定标准

电子数据司法鉴定是一种提取、保全、检验分析电子数据证据的专门措施，也是一种审查和判断电子数据证据的专门措施。它主要包括电子数据证据内容一致性的认定、对各类电子设备或存储介质所存储数据内容的认定、对各类电子设备或存储介质已删除数据内容的认定、加密文件数据内容的认定、计算机程序功能或系统状况的认定、电子数据证据的真伪及形成过程的认定等。

（5）分析证据。证据分析技术是指在已经获取的数据流或信息流中寻找、匹配关键词或关键短语，分析事件的关联性，具体包括密码破译、数据解密、文件属性分析、数字摘要分析、日志分析技术、反向工程等。

（6）进行跟踪。随着计算机犯罪技术手段的升级，取证已与入侵检测等网络安全工具相结合，进行动态取证、追踪的目的是找到攻击源，攻击源包括设备来源、软件来源、IP地址来源等。

取证追踪技术主要包括日志分析（主要包括操作系统日志、防火墙日志、应用软件日志等）；设置陷阱（蜜罐）；通过采用相关的设备跟踪捕捉犯罪嫌疑人。

（7）出示证据。将证据标明提取时间、地点、设备、提取人和见证人，以可见的形式按照合法的程序提交给司法机关，并提供完整的监督链。

本章小结

本章主要介绍了电子取证的步骤，展示了电子取证使用的技术和工具。

技能拓展

❖ 常见电子取证工具简介

1. 硬件取证工具

常用硬件取证工具有硬盘复制机、硬盘只读锁、取证一体机、取证塔、介质修复设备等，如图14-7

所示。

（1）硬盘复制机：因为取证过程不允许对硬盘进行直接操作，而硬盘复制机能够对硬盘内容做镜像，从而保证不会修改硬盘内的数据。

（2）硬盘只读锁：用于阻止硬盘的写入通道，有效地保证存储介质中的数据在获取和分析过程中不会被修改，从而保证数据的完整性。

（3）取证一体机：基于复制、读取、销毁于一体的取证设备。

（4）取证塔：具有手机取证分析、手机镜像、手机芯片镜像和介质取证等功能。

（5）介质修复设备：支持对电子硬盘、机械硬盘、镜像文件、U 盘、TF 卡等各种电子数据存储介质的修复。

图 14-7　硬件取证工具

2. 软件取证工具

（1）图片检查工具：Thumbs Plus 是专门用于帮助个人查看和轻松浏览计算机上的所有照片及编辑的工具。

（2）反删除工具：Hetman Uneraser 是一款可以将被删文件或文件夹恢复的软件。

（3）CD-ROM 工具：使用 CD-R Diagnostics 可以看到一般情况下看不到的数据。

（4）文本搜索工具：dtSearch 是一个很好的用于文本搜索的工具，特别是具有搜索 Outlook 的.pst 文件的能力。

（5）磁盘擦除工具：这类工具主要用在使用取证分析机器之前，为了确保分析机器的驱动器中不包含残余数据，显然只进行简单的格式化肯定不行。系统运行 NTI 公司的 DiskScrub 程序，即可把硬盘上的每一扇区的数据都清除掉。

（6）驱动器映像程序：可以满足取证分析，即逐位复制以建立整个驱动器的映像的磁盘映像软件，包括 SafeBackSnapBack、Ghost、DD 等。

3. 软件取证工具举例

EnCase 是一个完全集成的基于 Windows 界面的取证应用程序，其功能包括数据浏览、搜索、磁盘浏览、数据预览、建立案例、建立证据文件、保存案例等，如图 14-8 所示。

图 14-8　软件取证工具

4. 新型电子取证技术

（1）芯片取证：当通信设备因被恶意损坏、掩埋、水浸而无法使用时，可以通过芯片取证提取设备中的信息。

（2）云取证：当数据在云端转移时，为保证数据的完整性，对于删除的数据，能够定位云服务提供商，从而恢复云端数据。

（3）物联网取证：当联网设备被入侵时能够获取相关资料，涉及的技术包括物联网黑盒子技术、分布式 IDS 技术、嗅探取证技术等。

（4）边信道攻击（Side Channel Attack，SAC）取证：边信道攻击是针对加密电子设备在运行过程中的时间消耗、功率消耗或电磁辐射之类的侧信道信息泄露而对加密设备进行攻击的方法。

5. 数据包分析取证

抓包工具及特点如表 14-1 所示。

表 14-1　抓包工具及特点

工具名称	使用环境	特点
Tcpdump	Linux	采集过滤
WireShark	Linux 和 Windows	采集过滤
Sleuth Kit	Linux	采集过滤、流重组、数据关联
Argus	Linux	采集过滤、日志分析
Sniffer	Linux 和 Windows	网络流量、数据包分析

6. 芯片取证

Joint Test Action Group（联合测试行动组）分析是通过芯片内部的测试访问端口（Test Access Port，TAP）访问分析处理器的内部寄存器，即使在手机损坏的情况下也能对芯片进行取证。损坏的手机如图 14-9 所示，使用分析工具可以对损坏的手机芯片进行取证，如图 14-10 所示。

图 14-9　损坏的手机

图 14-10　分析工具界面

7. 动态仿真

动态仿真类似于使用模拟器对微信进行仿真，包括还原聊天记录、群聊讨论等，还可以提取聊天软件的文件，分析转发量、影响范围、信息源头等。例如，可使用工具模拟手机的实际运行环境，查看电子红包记录，如图 14-11 所示。

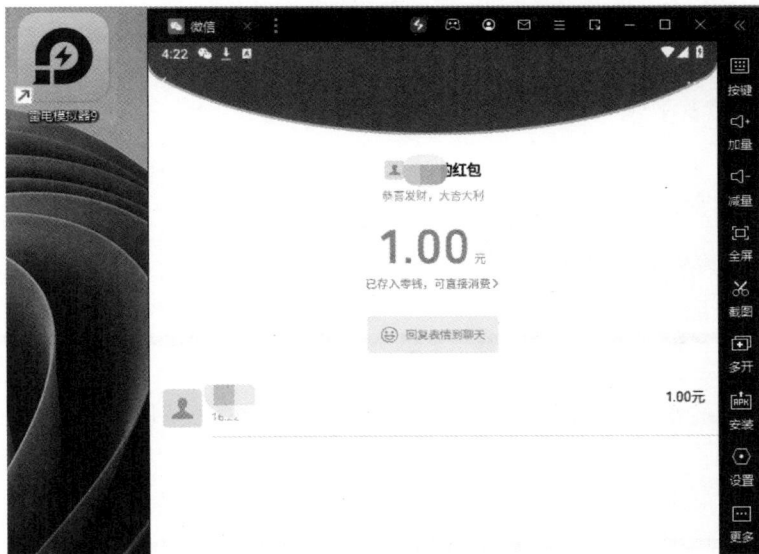

图 14-11　使用工具模拟手机并查看电子红包记录

📝 课后习题

1. 下列（　　）不属于电子证据的特点。
   A. 多样性　　　　　　B. 高科技性　　　　　C. 无形性　　　　　D. 不易被破坏
2. 下列（　　）不属于电子证据鉴定的原则。
   A. 合法原则　　　　　B. 独立原则　　　　　C. 可靠原则　　　　　D. 监督原则
3. 证据鉴定标准有哪些？
4. 证据分析技术有哪些？
5. 电子证据的特点有哪些？

第 **15** 章

网络安全应急响应

知识目标

① 了解网络安全应急响应的产生背景。
② 了解网络安全应急响应的新趋势。

能力目标

掌握网络安全应急响应的处理流程。

素质拓展

各国应该深化务实合作，以共进为动力，以共赢为目标，走出一条互信共治之路，让网络空间命运共同体更具生机活力。

课程导入

物联网、移动互联网、云计算、大数据正蓬勃发展，新兴技术正颠覆传统，带来源源不断的变化。但是，网络安全事件层出不穷，让人们对网络安全更加关注。

相关内容

15.1 网络安全应急响应概述

15.1.1 网络安全应急响应的产生

1988 年 11 月发生的莫里斯蠕虫事件（Morris Worm Incident）致使当时的互联网络超过 10%的系统不能工作，该事件轰动了全世界，并且在计算机科学界引起了强烈的反响。

为此，1989 年，美国国防部高级研究计划署资助卡内基·梅隆大学建立了世界上第一个计算机紧急响应小组（Computer Emergency Response Team，CERT）及协调中心（CERT/CC）。

我国也成立了一些专业性的应急组织，如国家计算机网络入侵防范中心、国家 863 计划反计算机入侵和防病毒研究中心等，此外许多公司也提供网络安全救援相关的服务。我国应急响应组织发展历程如图 15-1 所示。

图 15-1　我国应急响应组织发展历程

15.1.2　我国网络安全相关法规标准

《中华人民共和国网络安全法》是为保障网络安全，维护网络空间主权和国家安全、社会公共利益，保护公民、法人和其他组织的合法权益，促进经济社会信息化健康发展而制定的法律。

《中华人民共和国网络安全法》由中华人民共和国第十二届全国人民代表大会常务委员会第二十四次会议于 2016 年 11 月 7 日通过，自 2017 年 6 月 1 日起施行。该法发展历程如图 15-2 所示。

图 15-2　《中华人民共和国网络安全法》发展历程

15.1.3　网络安全事件分类

《国家网络安全事件应急预案》中对网络安全事件进行了分类，如图 15-3 所示。

（1）有害程序事件：计算机病毒、网络蠕虫、特洛伊木马、僵尸网络、混合型程序攻击、网页内嵌恶意代码等。

（2）网络攻击事件：拒绝服务攻击、后门攻击、漏洞攻击、网络扫描窃听、网络钓鱼、干扰事件等。

（3）信息破坏事件：信息篡改、信息假冒、信息泄露、信息窃取、信息丢失和其他信息破坏等。

（4）信息内容安全事件：通过网络传播法律法规禁止信息，组织非法串联、煽动集会游行或炒作敏感问题并危害国家安全、社会稳定和公众利益。

（5）设备设施故障：软硬件自身故障、外围保障设施故障、人为破坏事故和其他设备设施故障等。

（6）灾害性事件：由自然灾害等其他突发事件导致的网络安全事件。

（7）其他事件：不能归为以上分类的网络安全事件。

图 15-3　网络安全事件分类

15.2　网络安全应急响应基础

15.2.1　网络安全应急响应阶段

现在网络安全事件层出不穷，网络安全应急响应预案指针对可能发生的网络安全突发事件，为保证系统迅速、有序、有效地开展应急与救援行动，降低事故损失而预先制定的包括网络信息系统运行、维持、恢复在内的策略和规程。就目前的网络安全应急监测体系来说，网络安全应急响应可以分为 6 个阶段，如图 15-4 所示。

图 15-4　网络安全应急响应阶段

15.2.2　网络安全应急响应处理流程

网络安全应急响应处理流程如图 15-5 所示。

图 15-5　网络安全应急响应处理流程

15.2.3　网络安全法律法规形势

2017 年，各国网络安全法律法规围绕关键基础设施、个人数据安全、网络应急响应等核心制度展开试点，部分国家在自动驾驶安全保障领域出台了尝试性规定，如图 15-6 所示。

图 15-6　英国与德国在自动驾驶安全保障领域出台的尝试性规定

15.2.4　网络安全应急响应趋势

2017 年，以 WannaCry 勒索病毒为代表的全球网络攻击仍处于高发态势。在突发性事件面前，各国监控预警失效，攻防实力悬殊，应急响应被动。对此，美国、比利时等国调整了应急思路，如图 15-7 所示。

微课视频

图 15-7　国外网络安全应急响应新思路

📝 本章小结

本章主要介绍了网络安全应急响应的相关内容。

📝 技能拓展

网络安全事件等级、预警等级和应急响应等级都有详细的划分，如图 15-8 所示。

图 15-8　网络安全事件等级、预警等级和应急响应等级

📝 课后习题

1. 下列（　　　）不属于网络安全事件中划分的等级。
   - A. 重大网络安全事件
   - B. 特殊网络安全事件
   - C. 一般网络安全事件
   - D. 较大网络安全事件
2. 网络安全应急响应阶段有哪些？
3. 网络攻击事件有哪些？
4. 信息破坏事件有哪些？